全国农业职业技能培训教材
科技下乡技术用书
“为渔民服务”系列丛书
全国水产技术推广总站 • 组织编写

斑点叉尾鮰实用养殖技术

林　珏　龙祥平　彭建安　主编

海洋出版社

2018 年 · 北京

图书在版编目（CIP）数据

斑点叉尾鮰实用养殖技术/林珏，龙祥平，彭建安主编. —北京：海洋出版社，2018. 7

（“为渔民服务”系列丛书）

ISBN 978-7-5210-0149-5

Ⅰ. ①斑…　Ⅱ. ①林…②龙…③彭…　Ⅲ. ①斑点叉尾鮰-淡水养殖　Ⅳ. ①S965. 128

中国版本图书馆 CIP 数据核字（2018）第 165173 号

责任编辑：杨　明

责任印制：赵麟苏

海洋出版社　**出版发行**

http：//www. oceanpress. com. cn

北京市海淀区大慧寺路 8 号　邮编：100081

北京朝阳印刷厂有限责任公司印刷　　新华书店发行所经销

2018 年 9 月第 1 版　2018 年 9 月北京第 1 次印刷

开本：787mm×1092mm　1/16　印张：8. 5

字数：117 千字　定价：40. 00 元

发行部：62132549　邮购部：68038093　总编室：62114335

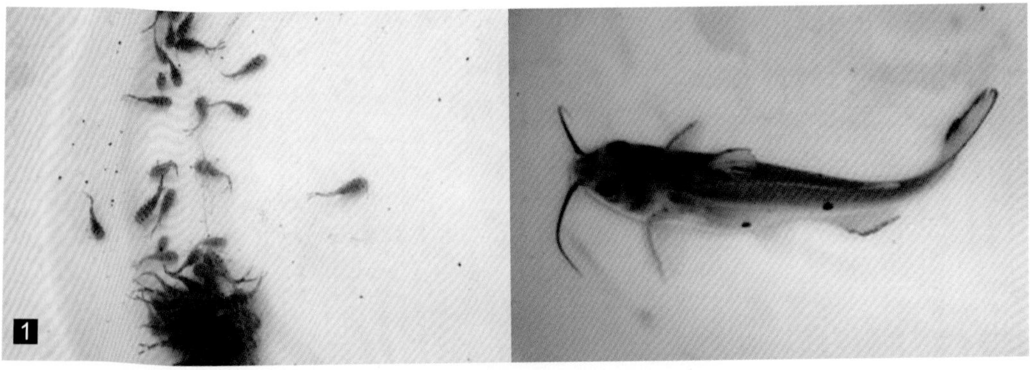

1 斑点叉尾鮰苗种

2 亲鱼培育池

3 孵化巢

4 孵化池
5 孵化筐
6 水花暂养设施
7 水花培育池
8 鱼苗培育池
9 大规格苗种培育池
10 苗种投喂设施（四川眉山养殖户自设）

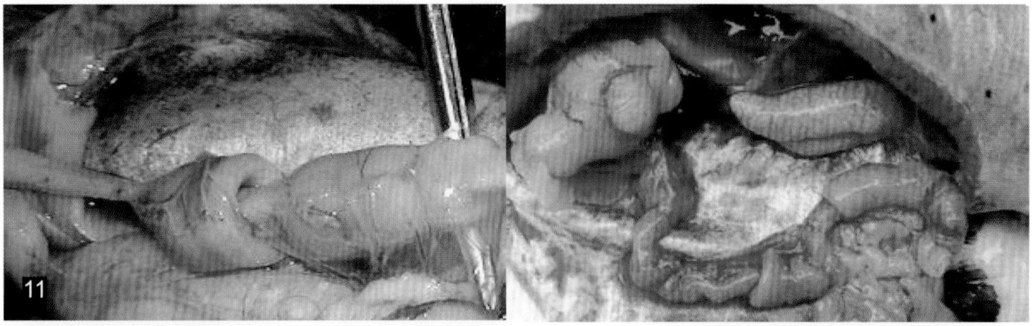

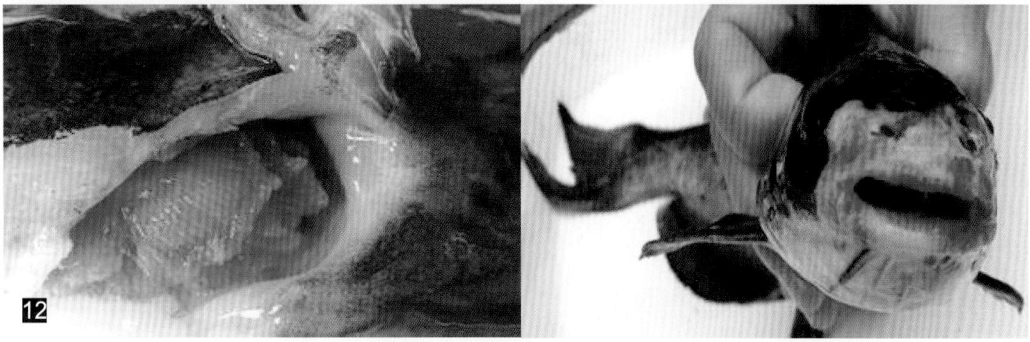

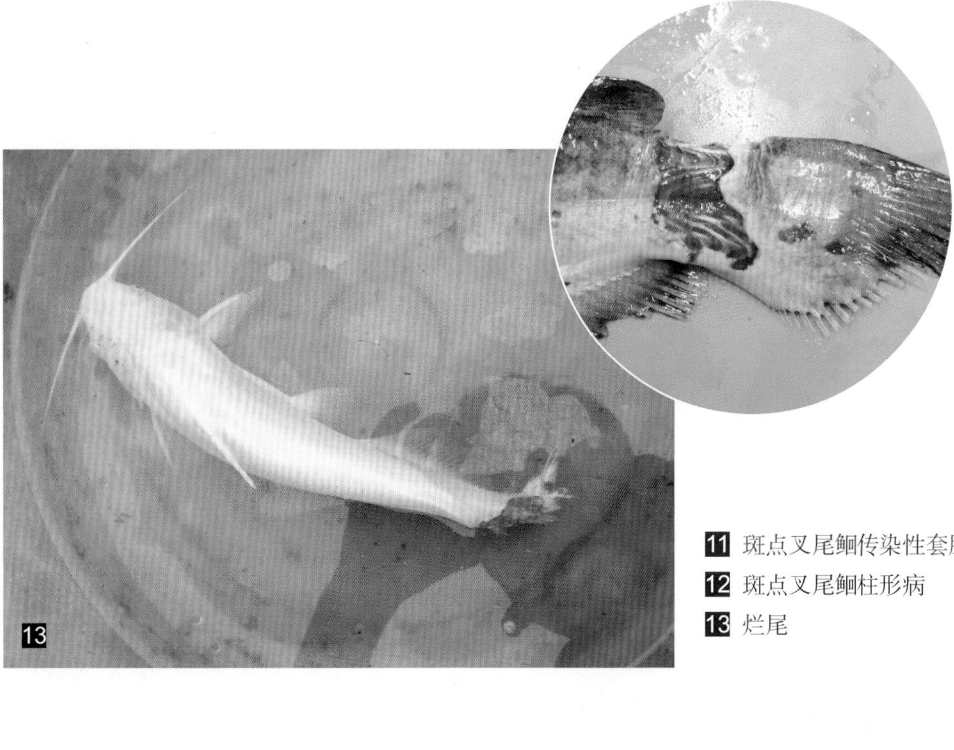

11 斑点叉尾鮰传染性套肠症

12 斑点叉尾鮰柱形病

13 烂尾

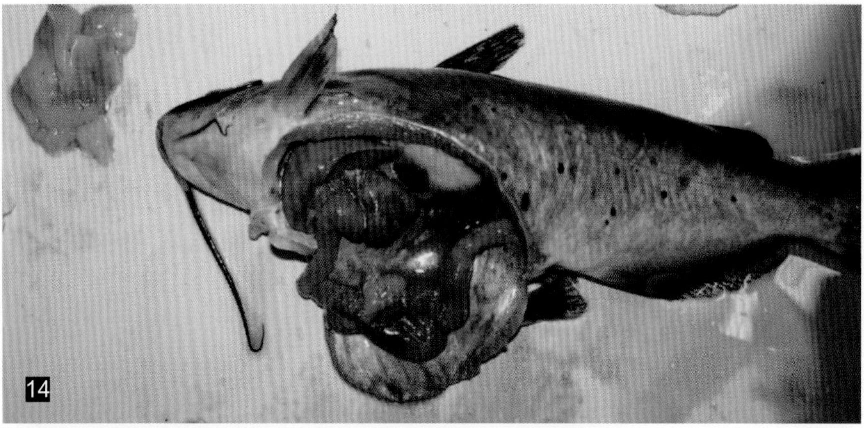

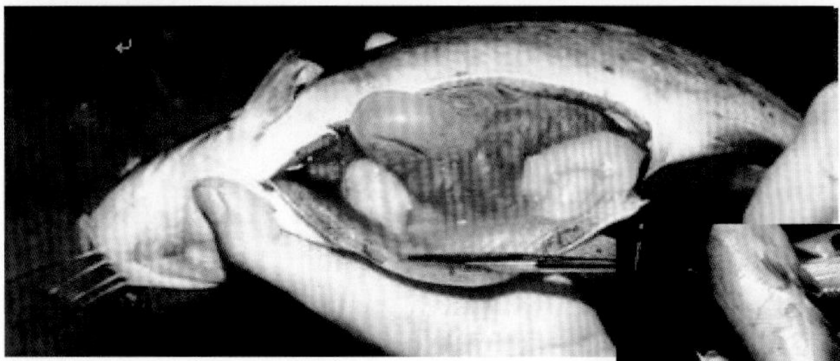

14 鲁氏耶尔森氏菌

15 斑点叉尾鮰病毒

16 斑点叉尾鮰出血病

17 水霉病

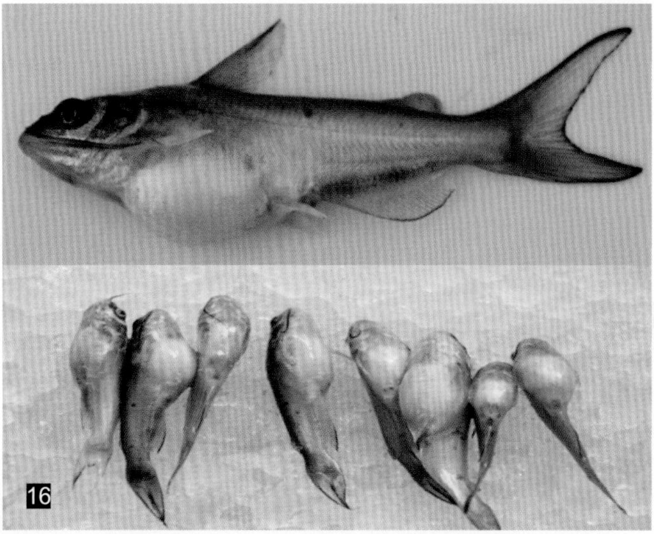

“为渔民服务”系列丛书编委会

《斑点叉尾鮰实用养殖技术》
编委会

主　编： 林　珏　龙祥平　彭建安

副主编： 龚　全　周　剑　刘光迅　赖见生

编　委： 李　华　柯红雨　李联满　刘　亚　陈彦伶
刘　超　徐垚峰　王　艳　王　俊

前　言

斑点叉尾鮰原产于美国，因其具有适应性广、较耐低氧、生长快、个体大、易捕捞、肉质细嫩、肉味鲜美、无肌间小刺、氨基酸含量丰富、食用价值高等优点，是美国淡水养殖的主要品种。

我国于1984年经湖北省水产科学研究所首次引进斑点叉尾鮰后，对其生态环境、生物学特性、养殖技术、繁育、营养与饲料、饲养技术推广等进行了一系列的研究。经过30余年的探索和研究，其人工繁殖、苗种驯化、成鱼养殖以及加工等技术已日趋完善，养殖模式也多样化发展。

本书从斑点叉尾鮰养殖实用技术出发，作者深入多处养殖基地调研、收集整理数据，同时结合当下斑点叉尾鮰养殖状况，介绍了斑点叉尾鮰的生物学特性、养殖概况及市场前景。本书以通俗易懂的语言文字，并辅以图、例介绍了人工繁殖、苗种培育、成鱼养殖和鱼病防治等实用技术，可操作性强。力求科学性、实用性相结合，使养殖户学习后能解决生产中遇到的实际问题，并取得较好的效益。

本书可作为广大水产养殖工作者的技术手册，亦可供从事水产养殖技术开发的科研人员、渔政人员和水产技术推广人员等参考使用。

由于搜集的资料及编写人员水平有限，若有不足之处，敬请广大读者批评指正。

目　　录

第一章
概　述

鮰科鱼类在美洲约有39个品种以上，进行人工饲养的常见品种有7个，除斑点叉尾鮰外，还有云斑鮰、短须扁头鮰、长鳍叉尾鮰、黑鮰、黄鮰和白叉尾鮰等品种，其中斑点叉尾鮰是最佳人工饲养种类之一。

斑点叉尾鮰，英文名Channel Catfish，学名*Ictalurus Punctatus*（*Rafineque*），分类学上属于硬骨鱼纲，鲶型目，鮰科。斑点叉尾鮰天然分布区域在美国中部流域、加拿大南部和大西洋沿岸部分地区，此后广泛进入大西洋沿岸，全美国和墨西哥北部都有分布。斑点叉尾鮰主要生活在水质无污染、沙质或石砾底质、流速较快的大中河流中。也能进入咸淡水水域生活。刚引进我国时被称为“沟鲶”“河鲶”“美国鲶”，是一种大型淡水鱼类（图1.1）。

第一节　养殖概况

由于斑点叉尾鮰具有适应性广、较耐低氧、生长快、个体大、易捕捞、肉质细嫩、肉味鲜美、无肌间小刺、氨基酸含量丰富、食用价值高等优点。斑点叉尾鮰为杂食性鱼类，饲料问题也易于解决，是美国池塘、江河、湖泊和集约化养殖的主要品种之一，占其淡水养殖产量一半以上，同时也是其游

图 1.1　斑点叉尾鮰形态图（摘自百度）

钓业的主要品种之一。根据康升云等（2001）在《斑点叉尾鮰生物学研究》中介绍，美国早从 20 世纪 60 年代已经开始商业养殖，其中斑点叉尾鮰是其淡水养殖的主要经济鱼类之一，其池塘养殖多集中在其中部和东南部，其中又以密西西比州池塘饲养量最多，该州素有“斑点叉尾鮰之都”之称，随后东南亚、欧洲等地也开始进行该鱼的人工养殖。

斑点叉尾鮰适温范围广（0～38℃），适合我国各地的淡水以及 8% 以下的咸淡水水体人工养殖，在我国绝大部分地区人工饲养水体中均能生存。该鱼在池塘静水环境条件下可以完成自然产卵受精，方便收集受精卵孵化和人工孵化繁育苗种。此外鱼苗种和商品鱼适于长途运输，目前其运输成活率高达 95% 以上，便于大范围推广养殖。

斑点叉尾鮰属杂食性鱼类，食性范围广，可全部采用全人工配合饵料饲养，饲料系数低，经济效益高。该鱼生长速度快，饲养一周年可生长到 1 千克以上，对生态环境条件适应性较强，耐低氧，抗病能力较强，在常规饲养条件下能获得较好的饲养效果。易捕捞，在池塘中起捕率可高达 95%。

成鱼个体大小适中，肉质优良，味道鲜美，无肌间刺，营养丰富，深受广大消费者欢迎，加工成鱼片等产品出口到国际市场具有较强的竞争力，国内市场也开始成熟，有很大的消费需求量。

我国于1984年首次引进斑点叉尾鮰，引进后，对其生态环境、生物学特性、养殖技术、繁育、营养与饲料、饲养技术推广等进行了一系列的研究。1987年首次在我国繁殖成功，并向全国各地推广，适合我国大部分地区养殖。在推广初期多以池塘饲养为主，但经过多年的养殖，人们发现斑点叉尾鮰除适合池塘饲养、流水养殖外，还适合于网箱养殖。斑点叉尾鮰性格温顺，鱼种进箱前经过适当的驯化即能很快适应网箱饲养；同时在网箱中活动范围小、耗能少，生长速度与饲料转化率均较池塘好；在美国经过多年的基础研究，对其营养需求了解比较全面，用标准配方生产的配合饲料完全可以满足其生长的营养需要，在整个成鱼生产过程中不需再添加任何天然饵料，因此很适宜网箱规模化生产。

一、我国鮰鱼产业的发展过程

1984年斑点叉尾鮰由湖北省水产科学研究所率先从美国引进，经过二十多年的养殖推广，斑点叉尾鮰养殖已发展到我国大部分省市。目前，我国斑点叉尾鮰的养殖已推广北至黑龙江，南到两广（广东、广西壮族自治区）等几个省市（区），其中湖南、湖北、江西、安徽、江苏、四川和广东已有大面积的斑点叉尾鮰养殖，主产区在湖北、湖南、江西、安徽等中部省份，包括池塘养殖和网箱养殖等养殖模式，全国年产量超过15万吨以上。根据罗继伦（2008）《影响斑点叉尾鮰产卵率几种因素的研究》、严朝晖（2013）等《世界鲇鱼产业现状及对我国斑点叉尾鮰产业市场定位的重新认识》和刘清明（2011）《熊牛逆转理应未雨绸缪——湖北嘉鱼县鮰鱼产业发展状况调查与思考》中的介绍，其发展大致可以分为四个主要阶段：

第一阶段：1984—1997年。1984年由湖北省水产科学研究所率先从美国引进斑点叉尾鮰1 500尾（平均体长约1.83厘米），经过我国水产专家对其生物学、生态、繁殖、养殖技术进行了初步的研究。1987 年 6 月，人工繁殖获得成功，16% 的亲鱼自然产卵，共孵化出 50 万尾鱼苗，当年即被 15 个省（市）的 59 个科研、生产单位引种试养，随后于 1997 年全国水产技术推广总站从美国引进 60 万尾 3 个品系，分别放在北京小汤山（阿肯色品系）、湖北武汉（密西西比品系）、江苏泰兴（德克萨斯品系），其中北京小汤山处全部死亡。人工繁殖获得成功的背景下，随后进行了全国性的养殖推广，先后由湖北推广至湖南、广东、广西、江苏、辽宁、江西等省（区）。各地以池塘养殖为主，尚处于试验性和探索性生产阶段，养殖饲料还不配套，养殖分布面广点多，不成规模，仅在广东和湖北有一定产量，总产量不到 1 万吨，基本都是鲜活销售，量少价高，养殖者追求“边缘市场机会”。

第二阶段：1998—2003 年。1999 年全国水产技术推广总站再次引进 70 万尾，放于北京通县基地、上海南汇、江苏泰兴三个地方养殖。斑点叉尾鮰产业化开始进入快速发展期。由单一的鲜活鱼销售，并向下游产业链发展，开始小量试加工产品，主要有冻鱼片和鱼肚（图 1.2），出口到美国市场。这一时期斑点叉尾鮰养殖产量持续增长，2003 年斑点叉尾鮰产量达 4.55 万吨，产品主要以鲜活鱼销售国内市场，2003 年首次出口斑点叉尾鮰，其加工产品出口总量为 326 吨。

第三阶段：2004—2008 年。2003 年，越南鲶鱼被美国定为倾销，给中国的斑点叉尾鮰出口带来了极好的机遇，我国斑点叉尾鮰顺利地打进了美国市场，接下来的 3 年时间里，养殖面积逐年快速增加，出口量快速上升。以湖北嘉鱼县为例，2004 年仅养殖 5 000 平方米网箱养殖规模，但户户都赚钱；该县随后在 2005 年发展了近 50 000 平方米网箱。2004 年由北京创丰生物技术有限公司主导引进的 44 万尾苗种，放于湖南沅江、江苏洪泽、泰兴、福建闽清、江西南昌、峡江、万安、于都、鄱阳、赣州等地，此次引种单位涉及为历史记录最多的一次。此外，2005 年我国渔业学会鮰鱼分会（筹）成立。这

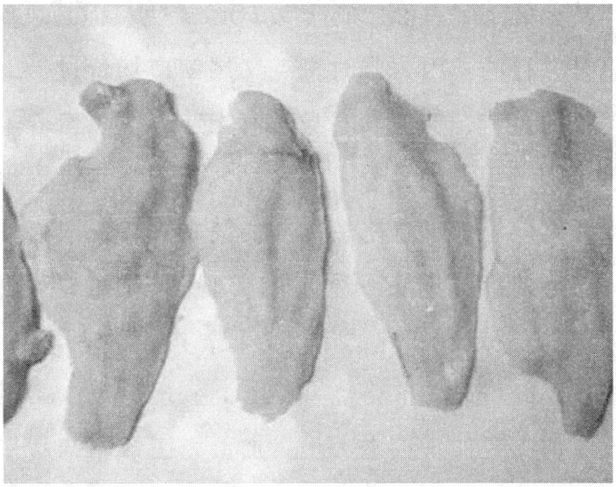

图 1.2　冰冻鮰鱼片

一阶段鮰鱼产业化逐步走向成熟和具有一定规模，鮰鱼养殖迅速发展，至2008 年养殖总产量达到 22.45 万吨。这一时期特别是鮰鱼加工规模迅速扩大，湖南、江苏、山东、广东、湖北、广西等省（区）都发展了鮰鱼加工厂，加工的速冻鮰鱼片出口至美国市场，2008 年全年出口鮰鱼产品总量达 1.7 万吨。2007 年 6 月 28 日美国开始限制中国 5 种水产品进口，斑点叉尾鮰首当其冲，我国鮰鱼出口产业被无情地打入了“冷宫”，鮰鱼产业遭受到了沉重的打击。养殖面积急剧减少，价格一路狂跌，由 2004 年的 11.9 元/千克跌至 8.4 元/千克。2007—2009 年间，斑点叉尾鮰不仅价格低，更雪上加霜的是没人收购。加工厂收购除价格低之外，对赊账、规格与品质要求也十分严格，并且不签订长期收购合同等因素，使得商品鱼销售异常困难，广大养殖户普遍亏损，仅个别特例少有微利，迫使养殖户们纷纷转养其他鱼类。20 尾/千克的苗种仅卖 4 元/千克，销量都十分堪忧，甚至出现了赠与别人都无人要的局面，苗场的生存处境非常艰难。2007 年前，我国的斑点叉尾鮰主要是外销，出口的产品均为冻鱼片和鱼肚。而自“6.28”事件之后，斑点叉尾鮰成鱼的价格一路狂跌，甚至低于草鱼价，最低 5.2 元/千克。但是斑点叉尾鮰养殖业的危机与机遇总是并存的。因为当时斑点叉尾鮰市场价过低，让更多的人品尝到了斑点叉尾鮰的美味，加上其本身具有肉味鲜美、营养丰富、无肌间刺的优点，深受孩子和老年人的喜爱，特别是四川、重庆、贵州的一些居民喜欢吃鮰鱼火锅，大大促使了斑点尾叉尾鮰的消费火爆，国内市场才逐渐被打开，由此斑点叉尾鮰的价格止跌回升。我国斑点叉尾鮰养殖业从原来的“出口为主，内销为辅”，变成现在的“出口为辅，内销为主”，并且随着斑点叉尾鮰的市场需求量不断增大，价格也一路走高。现在斑点叉尾鮰的价格处于高位，由此造成了加工厂加工成本大增，加上人工成本与费用的提高，出口销售的利润大大减少等不利影响，所以越来越多的人开始开拓国内市场，外销只作为一种辅助手段。

第四阶段：2009 年至今。我国鮰鱼产业发展进入停滞和波动时期，鮰鱼加工和出口量快速减少，2009 年年底斑点叉尾鮰价格回升，到了 2010 年价格开始持续走高。2011 年鮰鱼出口量减少到 6 568 吨，鮰鱼养殖产量开始下降，2011 年鮰鱼产量下降到 20.5 万吨。国内市场鲜活鮰鱼的价格也呈现大幅波动的情况，最低谷时每千克鮰鱼的价格仅 9 元人民币，而最高峰时价格上升到 28 元人民币。这一时期国内鲜活鮰鱼市场需求量增长，特别是我国西南主要市场（成都、重庆、贵阳等）需求量增长快速。分析我国鮰鱼出口量快速减少的主要原因如下：一方面是受到美国贸易制裁的影响，另一方面由于我国鮰鱼加工产品缺乏竞争优势（价格、品牌、质量等），受到来自越南的替代产品竞争的影响。

二、我国鮰鱼的年产量和出口量

经过三十多年的养殖推广，目前斑点叉尾鮰已推广到广东、广西、湖南、湖北、云南、贵州、四川、江苏、浙江、上海、安徽、江西、福建、河南、河北、陕西、山东、内蒙古、新疆、黑龙江等多个省市（区）。北到黑龙江，南至两广，基本覆盖中国大部分省份。根据严朝晖等（2013）在《世界鲇鱼产业现状及对我国斑点叉尾鮰产业市场定位的重新认识》的介绍，斑点叉尾鮰养殖产量从1984年引进我国后到2003年，我国鮰鱼养殖发展缓慢，20年时间才达到年产量4.55万吨。2003年鮰鱼加工业开始发展后，迅速带动了我国鮰鱼养殖业的快速增长，2008年我国鮰鱼年产量达到22.45万吨，其后一直徘徊在20万~23万吨，历年产量见图1.3。近年来，四川斑点叉尾鮰产量稳步上升，2012年已经达到53 364吨；2013年达56 854吨，2014年达59 995吨。

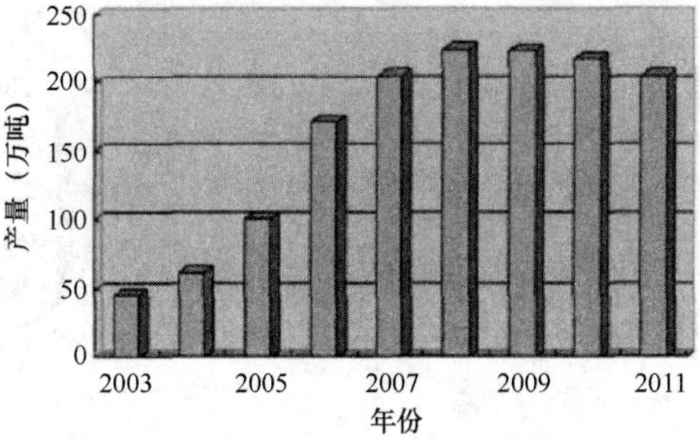

图1.3　2003—2011年我国养殖鮰鱼产量

（摘自严朝晖《世界鲇鱼产业现状及对我国斑点叉尾鮰产业市场定位的重新认识》）

我国的鮰鱼加工出口始于2003年，当年出口量仅326吨，发展到2006年加工鮰鱼出口量猛增到1.2万吨，2007年受到美国贸易制裁的影响，加工鮰鱼出口量减少到5 900吨。正是2003年后美国对越南鲇鱼产品实行反倾销关税，为我国鮰鱼加工产品进入美国市场提供了契机，我国鮰鱼出口弥补了美国市场的需求。随后我国鮰鱼产品出口快速增长，2007年美国对我国鮰鱼鱼片实行自动扣留检测药残，从而导致出口量锐减。2008—2009年我国鮰鱼出口量又快速恢复增长，因为前些年国内鮰鱼养殖规模快速扩张，养殖产量迅猛增长，出口受阻后养殖鮰鱼价格迅速从2006年的14元/千克跌落到2009年的9元/千克，大量在养的低价鮰鱼加工还能维持加工企业出口。2009年后国内鲜活鮰鱼销售增长，鮰鱼价格又快速上涨，鮰鱼加工企业在美国的技术性贸易壁垒和人民币大幅升值的影响下，同时更大程度上受到越南替代产品竞争的影响，2008年后越南鲇鱼出口美国呈现大幅增长，我国鮰鱼出口进入持续低迷时期，出口量持续下降，到2011年减少到6 568吨。2003—2011年我国鮰鱼出口量如图1.4。

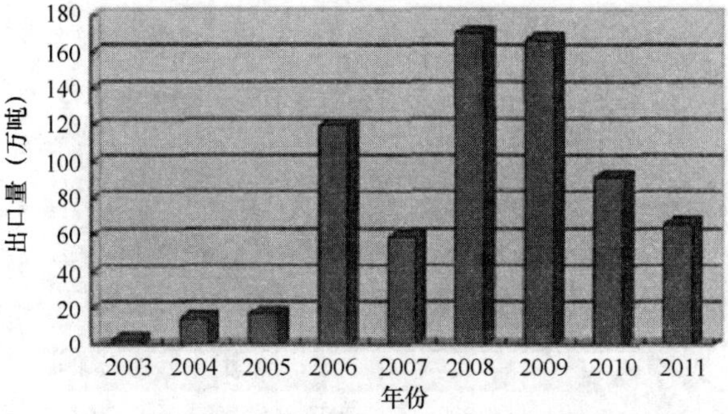

图1.4　2003—2011年我国加工鮰鱼出口量

（摘自严朝晖《世界鲇鱼产业现状及对我国斑点叉尾鮰产业市场定位的重新认识》）

经过近三十多年的发展，我国鮰鱼产业市场历经了三个阶段：一是国内边缘市场机会主导阶段，其特点是市场需求小，价格远高于价值，生产规模小，生产技术逐步规范与完善，苗种繁育、养殖和饲料配套的产业链逐步形成；二是出口国际市场主导阶段，其特点是市场需求急剧增大，生产规模迅速扩张，生产标准趋于严格和规范，市场需求量波动加剧；三是出口和国内市场并重阶段（2008年至今），其特点是出口受限，出口量难以维持增长，国内需求开始增长，西南区域市场逐渐成熟，内销产量约占养殖总产量的

70%～87%，同时养殖规模和生产能力远超现有市场需求，价格波动幅度大。

三、部分地区斑点叉尾鮰养殖情况

1. 广东斑点叉尾鮰养殖情况

根据肖友红等（2015）《广东省斑点叉尾鮰产业调研情况分析》的介绍，近年来，广东省鮰鱼养殖受内销市场升温影响，发展迅速，本地鲜活销售量大幅增加，鮰鱼养殖产量大约3万～4万吨，主要养殖模式有三种，即精养、混养和网箱养殖。养殖区域主要分布在广州白云区、花都、高明、高要、江门、顺德、中山及清远等地区，区域总体较为分散，成片的达到一定规模的养殖区较少。

广东省鮰鱼塘精养面积大约有1 300万～2 000万平方米，成鱼多以鲜活出售，少有加工，消费市场主要在省内，每日销往省外的量不超过15吨。全省鮰鱼鲜活日销量约为100吨，其中佛山环球水产批发市场每天的收鱼量就达30～35吨。由于鮰鱼品质优良，少肌间刺，肉质细嫩，价廉物美，近年来深受老百姓的青睐，已经是广东省百姓餐桌上必备的上档鱼品。但相较而言，西南成都市场每天鲜活销售量在50吨左右，只有广东的一半。所以，广东已成为鮰鱼鲜活销售的主消费区。

其养殖产业苗种主要来源于湖北嘉鱼县，由于气候原因在广东只有30%的雌鱼能自然产卵，而在湖北，产卵率能达到80%。受区域自然条件的限制，广东放弃了鮰鱼繁育生产，转为从湖北引苗培养的方式发展养殖，经过标粗后进行成鱼养殖。近年广东每年从湖北引进约1亿尾卵黄苗，这些苗标粗后转成鱼养殖的大约有6 000万尾。据统计数据显示，2014年苗种比2013年多1/3，这是因为2013年商品鱼价格不好，养殖户减少了养殖量，2014年商品鱼价格上升，养殖户增加养殖量，投苗需要增加，预计2015年的商品鱼产量比2014年多30%。斑点叉尾鮰在广东的养殖模式主要有3种，即精养、混养和网箱养殖。珠海等地养殖鮰鱼主要采用精养模式，每亩①放苗量为3 000~4 500尾，养殖周期为10~15个月，待成鱼规格达到500克/尾以上开始出售。商品鱼出塘采用定期捕大留小的轮捕方式，每亩平均产量在4 500~5 000千克，养殖成本为10.6~11元/千克。

广东鮰鱼养殖以混养为主，与罗非鱼混养，主养罗非鱼的池塘每亩混养鮰鱼200~300尾，并投喂罗非鱼专用饲料。据广东渔业管理部门统计，广东混养鮰鱼的罗非鱼池塘面积达2 700万平方米，2013年广东鮰鱼总产量为1 421吨。鮰鱼在山塘水库一般采用网箱养殖。据了解，因山塘水库环境受天气影响较小，水体中的溶氧量较高，即使天气不好也不影响投喂和摄食，因此网箱养殖斑点叉尾鮰要比鱼塘养殖长速更快一些。同时网箱养殖鮰鱼成本较池塘低，约为9~10元/千克，其商品售价比池塘的要高出2~4元/千克。主要是因为山塘水库的水质好，养出的鱼肉品质好，其耐运输，所以卖价相对较高一些。

2014年上半年以来，我国鮰鱼受到内销市场升温的影响，鮰鱼需求量有所提升，鮰鱼活鲜内销价格比较坚挺，价高时超过20元/千克，给养殖户带来了较为可观的养殖效益，许多养殖户又开始关注鮰鱼养殖，养殖热情开始高涨。到了9月，随着2014年商品成鱼的陆续上市，鮰鱼价格已回落至较为合理的价格区间，价格维持在13~15元/千克。近期珠三角地区标准规格（0.6~1千克/尾）的鮰鱼塘头收购价为13~15元/千克，市场行情较为稳定。广东作为我国鮰鱼消费（除西南地区外）的最大市场，由于前几年我国鮰鱼出口受美国制定的针对有贸易壁垒法案的影响，出口受阻，价格波动很大，因此近年来，加工出口比例大大下降，内销的比例越来越大。目前我国

① 亩为非法定计量单位，1亩≈666.67平方米。

鮰鱼产业正从内销为主、出口为辅的市场格局转变，市场定价权开始逐步转为国内为主、内销市场为主导的市场格局。

2. 湖南斑点叉尾鮰产养殖情况

据麻韶霖（2012）《华中斑点叉尾鮰产业发展走势分析》中提供的数据，斑点叉尾鮰在20世纪90年代末引入到湖南，在沅陵县武强溪进行网箱养殖示范，发展网箱规模化养殖，后在湘西州、安化柘溪水库、常德西湖、沅江和郴州东江水库推广，刚引入时作名特优产品销售，价格贵，在35～40元/千克，有很高的养殖效益。在高利润的驱动下，网箱规模养殖迅速发展起来，但市场消费跟不上，造成商品鱼难卖的问题，2002年价格大幅下降，后在企业带动下形成沅陵在武强溪以养殖公司＋大户的模式成规模发展斑点叉尾鮰网箱养殖模式，并得到推广。在2007年湖南省全年养殖量逾20 000吨，产值2亿多元。后受到国际金融风暴、药残事件以及人民币兑美元汇率下降的影响，造成斑点叉尾鮰鱼片出口受阻，企业加工量下降，商品鱼收购量降低等负面结果，此外，由于没有同加工企业签定收购订单以及有药残的大量斑点叉尾鮰商品鱼以低于成本价冲击国内活鱼市场，造成鮰鱼市场价格低迷，最低价格只有6元/千克。后由于国际市场的好转，价格进入了波动期。

经过疫病危害和市场波动的淘汰和筛选，管理不规范的小规模养殖户逐步被淘汰，留下的养殖户或养殖公司养殖集约化程度提高，因此养殖规模及模式不断扩大。例如湘西州的养殖户都在20口网箱（5米×5米）以上，最大的达到250口，逐步形成了以养殖大户牵头组织农村专业合作社带动农户的发展模式；沅陵则形成了养殖公司带动农户的发展模式，沅江作为湖南省主要苗种生产基地则形成了公司定价收购农户斑点叉尾鮰苗种统一销售的发展模式。在比较规范的管理条件下，斑点叉尾鮰养殖成本在9～10元/千克，养殖利润有50%左右，有很好的养殖效益。

由于2009年前加工出口的需要，斑点叉尾鮰养殖按照出口检测标准推行规范化养殖，执行比较统一的生产标准，通过加工企业和业务部门技术人员的监管、培训和现场指导等方式，养殖基地的生产操作逐步规范化，技术水平不断提高，养殖户逐步掌握了斑点叉尾鮰养殖过程中各种疫病的发生规律和防治方法，执行了“预防为主、及早发现、及时治疗”的防治方针，近几年没有发生重大的病情和死亡，疫病危害程度减小，养殖户抗疫病和抗市场风险能力有了很大的提高。

第二节　国内外市场概况

一、国际出口市场面临的问题与建议

根据联合国粮食及农业组织（FAO）的水产品统计资料，近40年来全球水产品市场持续增长，但随着全球海洋渔业资源的严重下降，鳕鱼产量大幅度下降，欧美市场上热销的鳕鱼片供应量减少，罗非鱼和斑点叉尾鮰成为主要替代产品，从而为斑点叉尾鮰提供了更大的市场需求。斑点叉尾鮰及其加工产品主要集中向美国和欧盟等具有较成熟市场的国家出口。鮰鱼是美国的最主要消费的淡水水产品，美国本土养殖的鮰鱼供不应求，每年还额外从越南、中国、巴西、柬埔寨、泰国等国进口加工鮰鱼片，以此来满足市场需求。欧盟、俄罗斯等国也大量进口鮰鱼片作为“白鱼片”类产品供应消费者的需求。此外，随着经济发展和生活水平提高及饮食习惯的改变，一些新兴经济体逐渐形成较大的市场需求，亚洲、中东和非洲一些国家也有一定鲇鱼进口量，因此我国存在更大的潜在市场需求量。

根据严朝晖等（2013）在《世界鲇鱼产业现状及对我国斑点叉尾鮰产业市场定位的重新认识》中提供的数据，斑点叉尾鮰在全球鲇类产业中的产量

仅占有较小比重，约占鲇类养殖总产量的17%，在主要加工鲇类产量中约占30%，越南加工鲇鱼的产量约占全球的60%。在这样的产业格局中，我国鮰鱼产业从2003年开展加工以来定位发展成出口创汇产业，但是经历了十年发展仍一直徘徊不前，至今出口市场还面临着以下几方面的现实问题：

1. 产品缺乏竞争力

我国鮰鱼加工和出口主要还是以粗加工产品为主，其90%以上都是冰冻鮰鱼片和鱼肚，出口主要是面向美国市场。我国鮰鱼产业面临产品研发能力不足，加工技术和设备落后，全产业链生产过程的食品安全和品牌意识淡薄等问题，加之与越南鲇鱼养殖和加工成本相比没有较大优势，我国鮰鱼产品在国际市场市场竞争中难以形成优势。

2. 贸易壁垒

2007年以来，我国的鮰鱼出口至美国已多次遭受到美国FDA设限的影响，出口量均受到很大的打击。水产品贸易通常主要遭受技术性贸易壁垒（非关税壁垒）和关税壁垒影响，在技术性贸易壁垒上，发达国家利用其先进技术，在食品安全、产品标准、产品认证和通关检测上设限，以压制出口国的产品出口。甚至有时候进口国为了保护本国相关产业的发展，通过提高进口关税抑制出口国产品出口。

3. 替代产品的竞争

鮰鱼产品很容易受到替代产品的竞争影响。鮰鱼片属于白鱼片类，在欧洲被广泛视为“white fish”的替代品。越南的Basa、Tra等、泰国的杂交鲇等种类的加工鱼片在美国和欧盟市场同属鲇（鮰）鱼类鱼片，消费者很难辨识。鳕鱼片是常见的海洋鱼类加工产品，属于典型的“白鱼”一类，其具有市场价格参比作用，特别是在欧洲市场，消费者把鲶鱼片作为价格不高的可接受的类似大西洋鳕一类的“white fish”替代品；常见的罗非鱼，也是“white fish”重要的竞争产品之一。在美国市场，越南的鲶鱼产品也广泛被消费者视为鮰鱼产品。

4. 水产品质量安全形势严峻

近年来，仅美国食品药品监督管理局（FDA）对我国输美斑点叉尾鮰产品因质量安全而发出预警通报就达到了上百次，其中85%以上因药物残留超标而被预警通报。同时，在出口动物源性食品残留监控和出口前产品检验也多次发现禁用药物或限用药物残留超标现象。造成药物残留超标的主要原因：一是养殖基地存在“散”“乱”“小”的现象，养殖户养殖理念落后，片面追求高产量，缺乏对水体养殖容量的论证，养殖环境恶化日益严重；二是近年来养殖的斑点叉尾鮰种质退化严重，抗病能力下降，病害暴发严重，从而导致药物的滥用；三是加工企业质量控制能力较弱，检测设备及人员不能满足检测需求，对药物残留等质量安全隐患检不了、检不准，同时管理水平不高，特别是在对鮰鱼的养殖、捕捞、运输和加工等环节的安全卫生控制和可追溯性管理方面有待加强。

为进一步发挥我国的资源优势，并将其转变为产业优势，加快发展以出口为主导的斑点叉尾鮰产业，可着重加强以下三个方面：

提升产品利润和附加值，要组建公共研发平台，加快新技术和新产品开发应用，支持企业开发市场前景好、科技含量和附加值较高的罐头、小包装、提取物等产品，实现精深加工的新突破，如优化斑点叉尾鮰速冻鱼片生产工艺的研究，斑点叉尾鮰下脚料的再利用，制备钙制剂等；有重点的进行品牌的推广宣传，花大力气打造中国的鮰鱼品牌。

做好规划引导，支持产业做大做强，注重资源、环境和生态的保护与修复，减少饲料和药物的投入，防止重走先污染再治理之路，坚持走环境友好型的可持续发展之路，大力推行无公害生态养殖；做好制定出口产业发展规划，设立发展专项资金；争取政府扶持政策，用以支持企业技术改造、教育培训、产品开发、人才引进、品牌宣传和开拓市场。

夯实产业发展基础。重点扶持具有优势的龙头企业，鼓励企业开发深加工、高附加值的产品，增强出口企业对资源的消化和示范带动能力，加强加工副产品的综合利用，延长上下游的产业链；鼓励加工企业直接投资建立核心养殖示范基地，发挥龙头企业的示范带动作用；狠抓源头质量安全管理，要大力推进质量安全示范区建设，加大基础设施建设投入，将示范区建设纳入地方政府和有关部门考核，打造政府主导，检验检疫和农业、商务等部门联动，龙头企业带动，社会广泛参与的源头质量安全控制新模式。

二、国内市场中存在的问题

1. 产品形式和消费习惯

目前，国内鮰鱼市场的产品形式依然以鲜活鱼销售为主，鮰鱼加工品国内市场份额极少，尤其是适合我国居民消费习惯的加工成品极为缺乏，致使加工品接受度低，市场缺乏动力，规模化的加工品基本处于空白状态。同时，鮰鱼加工过程中副产品的综合利用开发还有待进一步研究、提高。

2. 市场拓展成本过高

目前鮰鱼主要集中在湖北、广东、广西、河南、四川、江苏等省（区），仍以鲜活鱼产品为主，同时受国内行业形式影响，新产品在拓展国内市场时，开发成本过高，生产企业难以承受。主要体现在：①流通环节物流成本高。现阶段，鱼加工品在国内的物流成本不亚于对外出口的物流成本，从而使得一些水产品加工企业更倾向于做国际市场。流通环节门槛过高，收费项目繁杂。目前，鮰鱼加工产品在国内进入终端消费市场时，往往受到代销商种种条款限制，例如入店费、上架费、广告费、节日促销费等收费项目，无疑在很大程度上增加了水产品加工企业的市场拓展成本，使得加工企业不愿耗时耗力来做国内市场开发。②货款周转周期长，代销商诚信度低。生产企业在做国内市场时，经常会遇到代销商不能按期结算产品货款的境遇，致使生产企业面临资金周转问题，也在一定程度上阻碍了加工企业的国内市场开发信念。

我国鮰鱼产业虽然正经历着艰难的发展时期，但产业前景广阔，尤其是国内潜在市场巨大。因此，我国鮰鱼产业急切希望得到政府及相关职能部门的政策支持及正确引导，例如考虑减少对出口鱼加工产品的退税补贴；加大鮰鱼产品的国内市场拓展扶持力度；资助水产品加工企业开发适销国内市场的加工产品；逐步建立鮰鱼产业国内市场的主导地位，促进鮰鱼产业健康、稳步发展。

三、我国鮰鱼产业的市场定位和前景

对于我国斑点叉尾鮰产业养殖主要有以下几点建议：

1. 搞好产业规划布局

加强斑点叉尾鮰的优良品种选育，斑点叉尾鮰自引入以后，经过连续多代的人工繁殖，养殖性状有所退化，主要表现为抗病力下降、生长缓慢和规格变小等现象，此外高密度集约化养殖时易发生大规模病害和死亡。其根本原因是养殖场亲本群体数量小，更新周期长，近亲繁殖（近交）。同时还存在亲鱼培育的饲养管理技术操作不规范，亲鱼的性腺发育不正常、卵黄沉积不够，产后亲鱼不进行强化培育，投喂的饵料营养达不到标准，饲养亲鱼的水质达不到无公害标准的要求，产出的鱼苗内源性营养不够，发育差，鱼苗品质弱等现象且十分普遍。

因此，建议加强养殖场之间的联系，建立规范化操作，以生长速度和存活率为选育，开展群体杂交育种和精细育种等联合育种方式，提高斑点叉尾鮰种、苗质量。

策应全国鮰鱼产业布局，结合鮰鱼产业发展现状，抓好产业基础较好的鮰鱼良鱼产业布局，结合鮰鱼产业发展现状，抓好产业基础较好的鮰鱼良种繁育和产品加工。进一步健全完善鮰鱼良种繁育设施，打造好的国家级鮰鱼良种场。积极加入全国联合育种组织，提纯选育出品系优质鮰鱼亲本。巩固和提升现有鮰鱼，进一步健全完善鮰鱼良种繁育设施，打造国家级鮰鱼种场。积极加入全国联合育种组织，提纯选育出品系优质鮰鱼亲本。

2. 进一步发挥行业协会的作用

中国渔业协会鮰鱼行业分会，起到带头示范的作用。由行业协会制定整个行业的规范，并加以引导和指导，让整个行业变的有序起来，使出口形势得到改善，使行业组织起到“润滑剂”“催化剂”作用，按照市场经济的要求，通过行业协会的工作，在协会内建立用药、养殖标准，实行统一供药、管理、培训、销售，规范加工出口企业行为等一系列措施形成合力，共同应对市场风云莫测的变化。同时，积极做好应对国际市场的反倾销准备，为会员企业维持已有在国际的市场，同时开拓东欧、巴西、俄罗斯、埃及、中东、中亚、亚洲、非洲和中南美洲等新的国际市场，推动斑点叉尾鮰出口市场产业发展。

3. 提高养殖技术，增强环保意识

我国水产养殖虽然有着悠久的历史，但养殖技术比较落后，传统的养殖

成分还占有相当的比例，养出来的鱼品质较差，饲料系数相对也较高。同时，养殖过程中养殖户的环保意识不强，养殖废水的任意排放，抗生素和化学药物在一定程度上还存在着滥用乱用的现象。目前看来我国生产的斑点叉尾鮰商品鱼价格较低，很大程度上是以牺牲环境资源为代价的，未考虑养殖废水对环境污染资源的巨大成本。

在养殖方法上，一是推广应用良种化、集约化、健康养殖模式，提升产业素质。二是推行健康养殖技术、无公害化养殖技术，实行标准化养殖，制订出斑点叉尾鮰无公害养殖标准，在养殖基地实行标准化生产，加强对生产过程的质量监管，加大对水域环境监测力度，对渔业投入品进行严格的管理，抓好无公害水产品产销记录对产品实行可追溯制度，提高产品质量，实现环境友好型的可持续发展。巩固和提升现有鮰鱼加工能力，多产品、多工艺、多层次开发系列新产品，提高企业整体效益。斑点叉尾鮰良种生产保障体系的建成和正常运转，一方面可以成为斑点叉尾鮰养殖业可持续发展的保障，另一方面也可为其他水产养殖动物的良种化发展提供借鉴，进一步促进我国水产养殖业的发展。

4. 加强斑点叉尾鮰的深加工及开发利用

我国斑点叉尾鮰加工出口产业应该迅速与欧、美等市场接轨，防止闭门造车，从国外引进斑点叉尾鮰深加工技术及关键设备，开发深加工产品，提高产品的竞争力。虽然我国水库养殖的斑点叉尾鮰，由于没有土腥味，在美国市场上更受欢迎，但也不能因此大意。同时应积极开发适合国人需求的鮰鱼加工产品，丰富产品种类和增加产品销量，这也是开拓国内鮰鱼市场的重要措施。

5. 出口的同时要瞄准国内市场

在做好斑点叉尾鮰出口工作的同时，我们也应该把目光瞄准国内市场，进一步拓展国内市场。如果我国斑点叉尾鮰的年人均消费量能够达到1千克，现在养殖量是远远不足以供应的。因此，我国斑点叉尾鮰产业最终最大的市场机遇仍然在国内。目前国内鲜活鮰鱼销售市场集中在西南市场，以重庆、成都、贵阳市场为主。扩大销售市场，包括西南市场向市县市场的延伸和扩大范围到西安、河南等地市场。建议学习鳕鱼块的模式进入，掌握国人的饮食特点，加工时注意除腥、脱脂，拓展快餐食品这一市场，加大对斑点叉尾鮰鱼肉的营养参数、食用方法等的宣传力度。

6. 注重品牌意识，提高产品竞争力

要使国货顺利走出国门，就必须按照国际卫生标准严把产品质量关。从养殖场地选择、苗种培育、成鱼饲养、产品加工等全程实行监控。另一方面要积极培育水产品加工龙头企业，因为这些“龙头”企业，上联国际国内市场，下联养殖生产单位，对产业发展作用很大。使加工产品符合健康食品要求，大量推广无公害高效养殖，打造知名品牌，提高产品竞争力，同时政府应该鼓励加工企业拓展国内市场，对国内市场产品给予出口产品同等政策扶持，确保产业稳步发展。同时，实现斑点叉尾鮰的产业化，将带动相应的加工、出口贸易，间接效益巨大。另外，可增加就业机会，社会效益显著。

目前我国鮰鱼产业正从以出口为主向内销为主、出口为辅的市场格局转变，市场定价权开始逐渐转为国内自主、内销市场走强。我国鮰鱼产业也正在走向持续稳定、健康发展的道路。

第二章
斑点叉尾鮰生物学特征

第一节　斑点叉尾鮰的形态特征

一、外部形态结构

斑点叉尾鮰体型较大，头部稍粗大，体前部宽于后部，口亚端位，尾部稍细长，腹部平直，背部侧斜平。体表光滑无鳞，黏液丰富，侧线完全，侧线孔明显。鲜活时体色淡灰色或灰白色（在池塘稀养、饵料丰富时体色可出现金黄色泽），侧线以下逐步变淡，至腹部为乳白色（图 2.1）。幼鱼体色深灰，体型似蝌蚪。体长 6 厘米开始出现不规则斑点，成鱼（一般体重达 2.5 千克以上时）到亲鱼时斑点逐渐不明显或消失。

斑点叉尾鮰头部上下颌共具有触须 4 对，其中颐须 1 对最长，末端超过胸鳍基部；鼻须 1 对最短，下颌须 2 对。鼻孔两对，前后鼻孔在鼻腔相通，鼻须着生于后鼻孔基部。

斑点叉尾鮰具有背鳍 1 个，鳍棘 1 根，后缘呈锯齿状，鳍条 6 ~ 8 根；胸

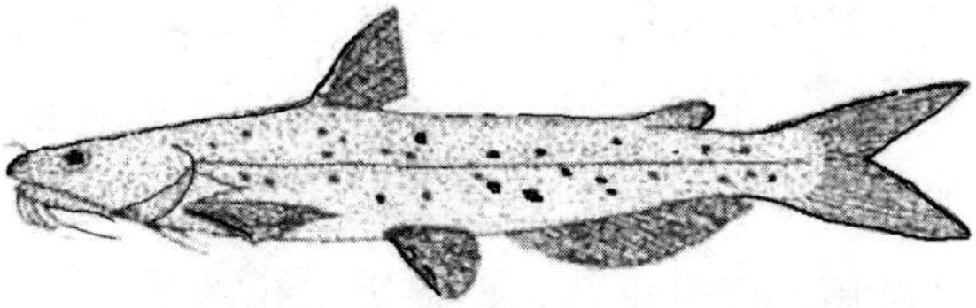

图 2.1　斑点叉尾鮰外部形态图

鳍 1 对呈三角形，鳍棘 1 根，鳍条 8 ~ 9 根；腹鳍三角形，鳍条 8 ~ 9 根；臀鳍斑圆形，鳍条 24 ~ 29 根；尾鳍分叉，鳍条数不定；背鳍后有一脂鳍，各鳍条均为深灰色。正是由于其身体两侧具有较明显而不规则的斑点和尾鳍有较深的分叉，所以得名斑点叉尾鮰。

斑点叉尾鮰部分可量性状及其比例变幅为：体长为头长 2.3 ~ 4.6 倍；体长为体高 3.5 ~ 5.9 倍；体长为尾柄高 8.9 ~ 11.4 倍；体长为尾柄高 5.0 ~ 7.3 倍；头长为吻长 2.5 ~ 3.1 倍；头长为眼径 8.9 ~ 12.4 倍；头长为尾柄高 2.5 ~ 2.9 倍；尾柄长为尾柄高 0.5 ~ 0.7 倍。

二、内部解剖构造

斑点叉尾鮰的呼吸器官为鳃，其鳃孔较大，鳃膜不连于颊部。鳃由鳃丝、鳃弓、鳃耙构成。鳃弓 5 对，前 4 对着生有鳃丝，鳃耙排列稀疏。鳃耙数目的变幅，外侧平均值 17 ~ 20 个，内侧平均值为 18 ~ 21 个。鳃耙数目变化不大，鳃耙间距变化较大，随着鱼体的增大鳃耙间距愈来愈大。斑点叉尾鮰脊椎骨共分 47 节。第 1 ~ 2 节愈合；第 3 ~ 12 节着生有肋骨；第 13 ~ 16 节着生有短肋骨；第 17 ~ 47 节，肋骨封闭愈合成脉弓，无肌间刺分布。

斑点叉尾鮰前颌骨和齿骨上生有排列不规则细密的小齿，为密而细的口腔齿和咽喉齿，较贪食，类似针管，第五对鳃弓上有斑纹状齿列，有撕咬食物的功能。消化道胃部膨大，似“U”型，胃壁较厚，胃皱褶及肠弯曲多，食物在胃肠长，便于营养物质的消化与吸收。伸缩磨碎功能性较强，饱食后可占到腹腔的 1/4 以上。肠道较长，肠长与体长之比随着鱼体增长而增长，肠弯曲也随之增加，约为体长的 2.0～3.2 倍。消化腺以肝脏最发达，胆囊管道上有较多的胰岛细胞，能分泌消化液促进消化功能，可达 4 700 克，鱼胆总重可达 100 克。

性腺位于腹腔上部，脊柱下方，肠系膜的两侧，基部有血管与肠系膜相连。性腺成对分布。卵巢一对，粗大，表面有小血管网分布。雄鱼性腺一对，白色，呈树枝状，性成熟后精液不易挤出。斑点叉尾鮰腹膜黑色。鱼鳔发达，二室，壁厚呈乳白色。

三、年龄与生长

斑点叉尾鮰为大型鱼类，生长速度较快，自然界最大个体重可达 20 千克以上，体长可达 100 厘米，在美国有报道称最大成熟个体鱼体全长为 127 厘米。在池塘人工养殖条件下，发现斑点叉尾鮰在 3 龄以前具有较快的生长速度，一年当中以 8—9 月生长最快。在江西大部分地区，6 月孵出的苗在较好的条件下稀养时，当年可长到 18～19.5 厘米，400～450 克/尾，大的可超过 500 克/尾。2 龄鱼生长迅速，20 克的 1 龄鱼种翌年平均可以长到 26～32 厘米，600～800 克/尾以上。3 龄鱼生长速度也较快，可达 35－45 厘米，25 千克左右。斑点叉尾鮰第一次性成熟后其生长速度开始放缓，第四年可达 45～57 厘米，第五年可达 57～63 厘米。

四、肌肉营养成分

斑点叉尾鮰肌肉鲜样中主要氨基酸的含量均比较丰富，种类齐全，各种人体所必需的氨基酸，如异亮氨酸、亮氨酸、精氨酸等占整个氨基酸的比例大，远远大于一般鱼类（表 2.1）。含肉率为 60.54%；肌肉含水率为

71.59%；粗蛋白为 17.04%；粗脂肪含量为 10.22%；灰分为 1.13%，是一种蛋白质和脂肪含量都较高的淡水鱼养殖品种。

表 2.1 肌肉中主要氨基酸的含量

氨基酸种类	含量（毫克/100 毫克）	占粗蛋白的比例（%）
赖氨酸（Lys）	1.89	11.99
蛋氨酸（Met）	0.27	1.71
亮氨酸（Iie）	1.82	11.55
异亮氨酸（Leu）	1.17	7.42
苯丙氨酸（Phe）	0.99	6.28
苏氨酸（Thr）	1.14	7.23
精氨酸（Arg）	1.61	10.21
缬氨酸（Val）	1.21	7.68
酪氨酸（Tyr）	0.72	4.57
甘氨酸（Gly）	1.54	9.77
组氨酸（His）	0.49	3.11
丝氨酸（Ser）	0.88	5.58
丙氨酸（Ala）	1.39	8.82

（摘引自向建国《斑点叉尾鮰的生物学与生理生化特性研究》）

第二节　斑点叉尾鮰生活习性

一、温度及养殖水源要求

斑点叉尾鮰为大型淡水温水性底层鱼类，喜欢栖息于有砂砾、石块的湖泊、河流的中下层，有拱泥、钻洞穴的习惯。喜欢在光线暗淡的环境中活动，清晨和傍晚经常可以看到该鱼在表层水域活动激起的水波。鱼种阶段，喜欢集群活动、觅食。到了成鱼阶段，晚上吃食量明显超过白天。大个体的亲本，白天很难看到其活动，吃食基本在夜间进行。据张延河等（1996）研究发现，斑点叉尾鮰可以生活在 0～38℃的温度范围内，水温上升到 13℃开始摄食，最适生长温度为 18～34℃。斑点叉尾鮰对环境适应能力强，对溶氧要求不高，3 毫克/升就能正常生活，溶氧低于 0.8 毫克/升时开始浮头，低于 0.34 毫克/升时窒息死亡。pH 值在 6.5～8.9 间均可生存，适宜盐度 0.2～8.5。但是对环境条件的剧烈变化适应力较差，表现为应激反应强烈。

虽然任何水源经过处理都可以用于斑点叉尾鮰育苗，但某些水源的处理成本较高，不适用，所以需选择好的水源。常用的水源有地下水和地表水。一般来讲，地下水是斑点叉尾鮰繁殖孵化的最好水源，因为地下水通常没有悬浮物、未受污染，也不存在病原菌，水温和化学成分相对较稳定。当然，地下水也存在溶氧低、可能含有高浓度的二氧化碳和硫化氢、水温低等缺点，但在使用时可以通过曝气、增氧、加热、沉淀、过滤等手段使地下水符合繁育用水要求。地表水包括溪流、江河、池塘、湖泊和水库。无污染的地表水作为水源要优于地下水，但目前不受污染的水源很难找到，特别是使用地表水容易带入病原菌。

斑点叉尾鮰在较肥的水体中，氨氮含量为 0.8～0.95 毫克/升仍能正常生活，含量在 1.42 毫克/升以上则会导致死亡，NH_3 含量在 0.085 毫克/升能正常生长，在 0.12 毫克/升的水体中生长速度明显下降，并损伤鳃及使体表的黏液增多。亚硝酸盐（NO_2^-）浓度 0.34 毫克/升时能正常生长，在 0.48 毫克/升以上时，50～55 小时内死亡。

二、食性

在天然水域中，斑点叉尾鮰为温和肉食性鱼类，幼鱼主要摄食个体较小的水生生物，如轮虫、枝角类、水生昆虫等；成鱼则以蜉蝣、各种蝇类、摇蚊幼虫、螯虾、甲壳类、绿藻类、软体动物、大型水生植物、植物种子和小杂鱼等为主要食物。经过人工驯化后，已转变为杂食性的鱼类。斑点叉尾鮰苗以红虫作为开口饵料，以后可逐步驯化到摄食颗粒饲料。人工饲养时，适当搭配一些动物性饵料，对斑点叉尾鮰的生长有明显促进作用。动物内脏、屠宰下脚料，都是很好的饵料。斑点叉尾鮰日夜均可摄食，且有集群摄食的习性。根据对人工养殖的斑点叉尾鮰的观察和食性分析，在人工饲养条件下对投喂的配合饲料都能摄食，尤其喜食鱿鱼粉、豆饼、玉米、米糠、麦麸等商品饲料配制而成的颗粒饲料，还摄食水体中的天然饵料，常见的有底栖生物、水生昆虫、浮游动物、轮虫、有机碎屑及大型藻类等。

斑点叉尾鮰从鱼苗至成鱼在以人工饲养为主的池塘中，鱼苗、鱼种及成鱼主要是摄食人工配合饲料，但摄食商品饲料的强度鱼苗期要低于鱼种及成鱼，这可能与幼鱼阶段摄食器官发育程度，池塘中对幼鱼适合的天然饵料数量有关。如 2.3 ~4.5 厘米的幼鱼在投喂商品饲料饲养为主的情况下，其食物组成为浮游动物、枝角类、桡足类、摇蚊幼虫及部分商品饲料为主，10 厘米至成鱼阶段则以投喂人工饲料及部分底栖生物、水生昆虫和陆生昆虫、枝角类、无节幼体、轮虫等为主；在以培育天然饵料为主的池塘中，鱼苗、鱼种及成鱼对天然饵料的摄食种类要求也有差异，前者主要摄食较小的生物个体，随着摄食器官的日趋完善，鱼体的增大，摄食量的增加，逐渐以个体较大的生物为主。在 2.3 ~4.5 厘米鱼苗阶段主要摄食浮游动物、轮虫、枝角类、桡足类、摇蚊幼虫及无节幼体等为主。在 10 厘米以后对天然饵料有一定的选择性，主要摄食个体较大的生物，如底栖生物、水生昆虫、陆生昆虫、大型浮游动物、水蚯蚓、甲壳动物、有机碎屑等为主。

还有研究显示光照条件的强弱对斑点叉尾鮰摄食强度也有较大影响，在暗光下斑点叉尾鱼鮰的摄食胃的充塞度为 5 级，强光时为 1 ~2 级，如在强光水体中有一定的遮盖物，胃的充塞度可达到 3 ~4 级。喜欢集群摄食，并喜欢在弱暗光条件下摄食，具有昼伏夜出的摄食习性。

在人工饲养条件下，池塘集中投喂浮性饵料，鱼苗、鱼种大约2分钟后即可在水体表面集群摄食。经过长期的驯化过程中可转变成以植物食性为主，肉食性为辅的杂食性鱼类，从鱼苗至成鱼均可在水体表面摄食。它在主动适应生境时，或在这种长期的人工驯养过程中，斑点叉尾鮰的食性容易改变，但它偏爱粗蛋白含量较高的人工配合饲料，因而斑点叉尾鮰能很好适应人工饲养。

三、生殖习性

1. 性腺发育

自然条件下，斑点叉尾鮰雌性个体3冬龄达到性成熟（表2.2）。1龄个体性腺发育不明显，2龄个体30%～40%可发育到第Ⅲ期，3龄个体15%～20%可以顺利产卵。斑点叉尾鮰相对怀卵量一般为每千克体重10 000粒左右，绝对怀卵量2万～4万粒，怀卵量随亲本发育年龄、亲鱼培育条件不同有明显的差异。性成熟的卵细胞呈椭圆形，深橘黄色，属端黄卵，卵膜较厚，半透明，卵的直径为2～3毫米，吸水膨胀后直径可在3.5～4.0毫米。有研究报道，在人工养殖条件下雄鱼可在13个月排精。

表2.2　斑点叉尾鮰性腺发育的各期特征

性腺发育期	精巢	卵巢
生殖期	银白色，薄膜状，尚无血管，肉眼不能辨别雌雄	与精巢相似
生长期	长条状，淡红色，长1.2厘米左右，上无丰富的血管	扁囊状，半透明，有少量血管分布，卵蛋黄色，有松软感

续表

性腺发育期	精巢	卵巢
成熟期	乳白色，长 7.5 厘米 左右，花边状，轻压腹部有白色精液流出	橘黄色，卵颗粒较大，为 2～3 厘米，轻压腹部有卵流出
排空期	排精后体积缩小，淡红色，尚有较明显的微细血管	腹部充满度减小，卵子所占体积减小

（摘引自向建国《斑点叉尾鮰的生物学与生理生化特性研究》）

2. 第二性征

斑点叉尾鮰外部性征不是很明显，雌雄个体体型稍有差别但很难区分，一般雄鱼比雌鱼大。临近产卵季节，雄鱼逐渐变瘦，凸显出大而肌肉发达的头部，使得其头宽大于体宽，成熟雄性个体头背部体色呈深灰色，有时体色还会发黑，头部扁平，腹部狭长，雄鱼的尿殖孔为一肉质的乳头状生殖突体，繁殖季节呈膨大较硬状态，生殖孔有假象，挖卵器插不进去；而成熟雌性个体头背部呈淡灰色，头部圆而吻尖，腹部略圆而饱满，卵巢轮廓明显，生殖孔圆形，两个孔被瓣状皮膜分开，生殖区凹陷，呈裂缝状，周围略有红肿，生殖孔处于肛门和泌尿孔之间，可将挖卵器插入生殖孔中。

3. 产卵习性

长江流域的斑点叉尾鮰的繁殖季节为每年的6—7 月，水温达到23℃开始发情，产卵温度范围一般为 21～29℃，最适温度为 24～28℃。当水温超过30℃时，不利于精卵的胚胎发育和鱼苗成活。其体重（或年龄）较大的比体重（或年龄）较小的个体的产卵季节要早些。

王广军等（2002）《斑点叉尾鮰的生物学及繁养殖技术》指出斑点叉尾鮰在江河、湖泊、水库和池塘中均能产卵，产卵场所多位于岩石突出物之下或河道的洞穴里。斑点叉尾鮰的雄鱼是典型的筑巢鱼类，雄鱼开始发情时，引诱雌鱼到鱼巢中产卵。产卵前，雄鱼选择石缝、树洞等空洞隐蔽的地方为鱼巢，产卵时，亲鱼通常以尾鳍包裹对方头部，雄鱼剧烈颤动躯体并排出精液，与此同时，雌鱼开始产卵。卵一般产于岩石突出物之下，或者产于淹没的树木、树桩、树根之下，或者产于河道的洞穴里。产卵一般发生在晴好天气凌晨至清晨，产黏性卵，产出后粘连成块。在与雌鱼交尾产卵后将雌鱼赶走，每条雄鱼占据一定的地盘为领地，排挤其他雄鱼进入，自己守巢护卵。雄鱼摆动鳍条产生水流，交换卵块内部的水体，保证卵块内有充足的溶氧供应。

生产中常用的斑点叉尾鮰的繁殖方法可分为三种：一是在池塘中自行产卵自然孵化，然后收集鱼苗；二是自行产卵，人工收卵孵化；三是人工催产孵化。其中第一种方法孵化率极低，且鱼苗在亲鱼池中数量无法估计，收集鱼苗也难以进行第三种方法因雄鱼精液无法挤出，只能用杀鱼取精的方法进行人工授精，这对后备亲鱼的数量要求较多。生产中多采用第二种方法繁殖鱼苗。

人工收集鱼卵孵化，就需要根据其繁殖特性，进行人工筑巢。人工筑巢最好选用直径 60 厘米以上，内壁光滑的产卵桶，给交配亲鱼创造一个良好的环境。可用光滑的铁皮制成长 80 厘米，直径 60 厘米的圆柱形桶。桶的一端有底，并在底面打上小孔，以便收卵时漏水；另一端全部或大半敞开，能让亲鱼自由出入为适度。此端系一根绳作为提桶时用，并栓上一个浮子以便识别产卵桶在池中的位置，也可采用大木桶、瓦罐、橡胶抽水管及木箱等容器。设巢的位置离埂 2 ~3 米，敞口朝池中央，产卵巢数量可根据池子大小、亲鱼组数量综合考虑确定，一般卵巢数量约占池中亲鱼配组数的 20% ~30% 。

4. 孵化出苗

据蔡焰值等（1991）在《斑点叉尾鮰苗种饲养技术研究》，斑点叉尾鮰鱼卵孵化和鱼苗培育的适宜水温 26～28℃，受精卵经 115～147 小时孵化破膜。如果水温过低鱼卵孵化期就会延长，而且低温时真菌会大量繁殖，影响卵的正常发育；如果水温太高，鱼苗畸形率就会上升，而且水温超过 28℃，斑点叉尾鮰鱼卵和鱼苗极易患上细菌病和病毒病。因此，选用孵化水温最好控制在 27℃左右。孵化用水溶氧量应保持在 4 毫克/升以上，除了水源进入孵化池之前要充分曝气外，孵化池中还应架设充气设施，不断充气，并且使孵化池水保持循环状态。

在水温 27℃下，斑点叉尾鮰受精卵的胚胎发育时序为：24～40 小时心脏开始搏动；50～65 小时血痕出现；80～90 小时胚胎血液开始流动；100～110 小时眼点出现；135～145 小时卵膜内层出现；155～165 小时血痕消失，鱼体形成；170～180 小时仔鱼出膜。刚孵出的仔鱼带有较大的卵黄囊，静卧水底且成一团，鱼体时呈粉红色，体长约 0.9 厘米，集群成堆，鱼苗出膜后2～3 天便可进行暂养，暂养池以面积 1～2 平方米的水泥池为好，每平方米可暂养鱼苗 1 万～1.5 万尾。其体表颜色变深至淡灰色，体长 1.0～1.3 厘米，开始慢慢散群（见彩图 1）。此时可以开口摄食小型浮游动物。当体长长至1.8～2.0 厘米时，外形很像小蝌蚪，头部特别大，8 根触须清晰可辨，此时可以驯食破碎料。

第三章
斑点叉尾鮰人工繁殖

第一节　亲本的选择及培育

一、池塘条件

1. 亲鱼培育池条件要求

一般要求亲鱼池塘面积 3～5 亩为宜，底部平坦，易于干塘和拉网操作，池底淤泥 20～30 厘米，以硬底砂土为好；池深 2～2.5 米，水深在 1.5 米左右；水源充足，无污染，水质良好，排灌方便。配备增氧机和投饵机各 1 台。

2. 亲鱼培育池的清整

在亲鱼培育中，亲鱼池的清整是一项不可忽视的工作，必须每年进行一次。清整工作包括挖除池底过多的淤泥，维修和加固塘埂，割除杂草，用浓度为 100～200 毫克/升的生石灰消毒清野、待毒性消失后放入亲鱼，为亲鱼培育创造一个良好的环境条件（见彩图 2）。

二、产卵行为特点

1. 繁殖季节

斑点叉尾鮰产卵温度范围为21～29℃，最适温度为25～26℃，水温超过30℃时受精卵的胚胎发育差、鱼苗成活率低。因地理环境和气候条件的差异，斑点叉尾鮰在不同地区的繁殖季节有所不同。在长江流域斑点叉尾鮰的产卵时间始于5月下旬，盛产期为6—7月；华南地区产卵开始时间为5月初，盛产期为5月中旬至6月中旬；华北地区产卵季节为7月初至8月中旬。此外，产卵时间还与亲鱼的成熟情况相关，通常初次成熟的亲鱼，产卵开始时间较晚，而第二次或多次成熟的亲鱼，产卵开始时间相对较早；体重（或年龄）较大的比体重（或年龄）较小的产卵季节要早。

2. 繁殖力

斑点叉尾鮰属于一次性产卵类型，即一年产一次卵。不同成熟年龄的亲鱼，产卵数量有较明显的差异。一般初次性成熟的个体，产卵量为4 000～7 000粒/千克；经产鱼的产卵量为7 000～15 000 粒/千克。

3. 产卵行为

斑点叉尾鮰性成熟年龄为4 龄以上，人工饲养条件好的少数3 龄鱼可达性成熟，性成熟鱼体重多在1 千克以上。斑点叉尾鮰在江河、湖泊、水库和池塘中均能产卵于岩石突出物之下，或者在淹没的树木、树桩、树根之下和河道的洞穴里产卵。斑点叉尾鮰的雄鱼是典型的筑巢鱼类，在与雌鱼交尾后赶走雌鱼并守护受精卵发育直至孵出鱼苗。

产卵时，每尾鱼通常以尾鳍包裹对方头部，雄鱼剧烈颤动鱼体并排出精液，与此同时，雌鱼开始产卵。卵受精后发黏，相互黏结而附于水池或鱼巢底部。雄鱼护卵时位于卵块上方，不断摆动腹鳍，以起到对受精卵增氧的作用。

三、亲本选择及培育

1. 亲鱼选择与配组

（1）亲鱼的年龄

在我国斑点叉尾鮰亲鱼性成熟的年龄，一般为 4 ~ 5 龄。体长 45 厘米，体重 1.2 ~ 3.7 千克的个体均能达到性腺成熟，并能正常进行繁殖。在华中以南地区饲养条件较好的情况下，3 龄鱼也有约 20% 能顺利产卵。但 3 龄鱼怀卵量少，且产卵的时间迟，通常在 7 月产卵。4 龄鱼 6 月中旬产卵，怀卵量大，产卵率高。因此选择亲鱼年龄，以华南地区 2 龄以上、华中地区 4 龄、华北地区 5 龄以上为宜。

亲鱼的选择是人工繁殖的首要环节，它是繁殖成功与否的关键，也是能否获得优质苗种的关键环节之一。用作繁殖的亲鱼要求体质健壮、无病无伤。在亲鱼选择时必须注意不能仅以重量作为亲鱼选择的衡量标准，特别是购买亲鱼时更要注意，往往大个体的鱼不一定都达到性成熟年龄。

（2）雌雄搭配

选用亲本要求体质健壮、无病无伤，应来自信誉较好的育苗场，避免使用有病毒病史的亲鱼，避免从疫病区选用亲本。亲鱼雌雄配组比例一般以3:2为宜，一尾雄鱼可在较短时间内与两尾甚至更多的雌鱼交配。雄鱼过多将会出现选雌时雄鱼相互争斗而造成鱼体受伤，影响产卵。雌鱼过多也会造成配组不足而影响产卵受精，所以亲鱼雌雄的配组比例及选择雌雄鱼规格大小的相对性也是必需的技术要求。

2. 雌雄鉴别

一般雄鱼体型比雌鱼大，而且头部比雌鱼宽。临近产卵季节，雄鱼逐渐变瘦，凸显出大而肌肉发达的头部，使得其头宽大于体宽，有时体色还会发黑；繁殖季节雌鱼腹部柔软、膨大，卵巢轮廓明显，使得头宽小于体宽。

此外，非产卵季节还可通过泄殖孔来进行鉴别。将鱼的腹部朝上，即可见2或3个开孔。靠近头部的一孔为肛门，靠近尾部的是尿殖孔。雄鱼的尿殖孔为一肉质的乳头状突起，繁殖季节呈膨大较硬状态。雌鱼尿殖孔卵圆形，不突出，靠尾部一侧尚有一个小的泌尿孔。在临繁殖季节雌鱼的尿殖区呈淡红色，并显肿大，较为柔软，而且布满黏液。

3. 亲鱼培育

（1）放养密度

每亩放养20~30组，搭配鲢、鳙鱼亲本3~5组（一般鲢3~4组，5~6千克/尾，鳙1组，10~15千克/尾）；不能放养鲤、鲫等抢食性鱼类，以免相互争食而影响性腺发育。

（2）饲料及投喂

营养好坏影响亲鱼的性腺发育，应投喂质量好的优质颗粒饲料，粗蛋白含量应达到36%以上。水温12~18℃时可每天投喂存池鱼量的1%~2%，1~2天投喂一次；水温20℃以上时应根据鱼的摄食情况调整投喂量，每天投喂两次；水温低于12℃时，可以不投喂。每隔一段时间还可增投一次新鲜的动物性饵料。临近产卵，亲鱼摄食量会明显减少，应适时调整投喂量。

（3）产后培育

亲鱼产后体能消耗很大，急需补偿。秋季是亲鱼大量摄取食物、积累脂肪和性腺发育所需物质的时期。在这段时间内，一定要加强饲养管理。若整个亲鱼培育阶段饲养管理不善，必将导致亲鱼体质差，性腺发育迟缓，卵子数量少、质量差。即使在冬季，晴暖时也要适当投喂饲料。如果仅仅寄希望于产前培育，待到春季时再进行强化培育，便为时过晚，效果也不好。春季水温逐渐升高，饲料投喂过多，水质易恶化，会影响亲鱼的性腺发育，严重时会引起亲鱼死亡。

（4）科学投饲

饲料的投喂量要根据不同的季节、水温、天气、鱼的摄食情况而定。斑点叉尾鮰的生存温度为5～36℃，生长适温为16～34℃。当水温高于10℃时，应在3～4天的间隔内投喂一次饲料，投喂量为亲鱼体重的1%左右，水温12～20℃时为2%，水温21～34℃时为3%～4%。投喂量一般以控制在投饲后30分钟左右能吃完为宜。在整个培育期间，投喂饲料一定要严格按照“三看”“四定”方法。

在亲鱼产卵前或产卵后20～30天，每隔3～5天投喂一次动物性饲料，以增加营养。这对亲鱼的产卵和产后的身体恢复是有利的。

（5）水质管理

在培育亲鱼的过程中，要求水质清新，透明度保持在35厘米左右，pH值6.5～8.5，溶氧量在4毫克/升以上。性成熟的亲鱼耗氧量大，对低氧特别敏感。加之繁殖时正处于6—7月，水温高、水质变化快，在天气闷热的凌晨，极易发生缺氧，使亲鱼停止产卵，严重时造成泛池，亲鱼大量死亡。尤其是性腺发育良好的雌鱼，更易死亡。因此，对产卵期间的水质要求更严，应特别注意。

具体措施要注意有四点：一是由专人负责管理水质，早晚巡塘，及时发现缺氧浮头的征兆，一旦发生浮头现象，应及时处理；二是从4月初开始，每隔3～5天给亲鱼池加注新水，更换老水，始终保持池塘内水质清新；三是每天适时开增氧机，天气闷热时早开，并延长开机时间；四是保持亲鱼的合理密度，每亩放养量不超过150千克。

第二节　繁殖方式

一、自然产卵受精、人工孵化

斑点叉尾鮰一般采取自然产卵受精、人工孵化方法。在产卵池中放置产卵巢，亲鱼自然产卵受精后，将卵块收集起来，经过消毒后进行人工孵化。这种繁殖方法适合于生产。

1. 产卵环境

亲鱼培育池要保持良好的水质，可作为亲鱼的产卵繁殖池。一般在生产中，成熟好的亲鱼在水温 18～30℃、气候条件好的情况下产卵，产卵温度为 22～28.5℃。气候条件变化较大，水温变化超过 5℃时，对产卵影响较大。产卵时要求溶氧量在 4 毫克/升以上，透明度为 40 厘米左右，pH 值在 7.2～8.5。产卵对水深有一定的要求，一般在 0.5～1.2 米为宜。

2. 产卵巢

产卵巢一般采用两端开口的土瓦罐（见彩图 3）（瓦罐高 60 厘米、直径为 40 厘米）或去掉桶底的牛奶桶。产卵巢以能容纳一对产卵亲鱼正常活动的大小为宜。产卵巢大口端用聚乙烯网片或尼龙纱布封底，使亲鱼产卵后不漏卵。

鱼巢放置在离池边 3～5 米、水下 0.5～0.8 米深处，间距可根据亲鱼数量而定，可 2～10 米放一个。鱼巢的大口端朝向池底，每个鱼巢可系上一个漂浮物作标记，以便寻找检查、集卵。鱼巢的多少可按照亲鱼的配对情况而设定，一般为亲鱼配对数的 60% 以上。

3. 产卵管理

鱼巢放置后，如果亲鱼成熟度相对一致，一般产卵相对集中。如果在产卵正常情况下出现突然停产，可采取适当排水（20～30 厘米）后再进行回注，或通过移动鱼巢位置等办法来刺激亲鱼产卵，往往可得到较好的效果。

当水温达到 23℃左右时便进入产卵时节。雄鱼开始在人工设置的鱼巢中行筑巢行为，并寻求雌鱼配对入巢。雌鱼在选中雄鱼和鱼巢后便进入巢中交配产卵受精。雌鱼产一层卵粒，雄鱼立即排精，这一过程将重复多次，甚至长达几小时，产卵结束后形成一个胶状的卵块。亲鱼的大小不同，所产卵块的大小也不一样（即产卵量），一般体重 2.5 千克左右的雌鱼一次可产卵 1 万～1.5 万粒，鱼体较大，相对产卵量也大。

斑点叉尾鮰产卵时间一般在晚上或清晨，鱼巢检查可在上午 8:00 以后，发现卵块后应及时移走。收集卵块时应先将雄鱼赶走，雄鱼离巢后即将卵块从鱼巢底板上轻轻铲下，带水快速将卵块移入孵化设施孵化。移放卵块的容器不宜堆积，卵块也不能过多，卵块要浸没在水中，避免阳光照射，如运输距离较远，应进行充气增氧，以免缺氧。

二、人工催产、自然产卵受精

人工催产、自然产卵受精的方法在生产中已普遍采用。其方法是注射催产激素，自然受精，人工孵化。基本方法同上述，不同之处是用网将池中的亲鱼捕捞起来，注射催产激素进行催产，将亲鱼配对放入产卵巢，并用网片将其封堵，直至完成交配。

1. 催产亲鱼选择

实际操作时应选择成熟度好的亲本作为催产亲鱼。性成熟的雌性亲鱼腹部膨大而柔软，有弹性，将鱼的尾部向上提，卵巢似有流动现象，有明显的卵巢轮廓。生殖孔略圆，红肿稍大。雄鱼一般体呈深灰色或灰黑色，腹部窄平而瘦，生殖孔微红而膨大，表面粗糙，精液似水状，其精巢似树根状，精液不容易挤出。

2. 注射催产药物

由于斑点叉尾鮰亲鱼间发育程度相差很大，产卵周期较长，孵化不同步，斑点叉尾鮰自然产卵条件下出苗规格相差很大，所以有些地方也采用人工催产方式进行孵化，以达到集中出苗的目的。常用的催产药物有垂体（PG）、绒毛膜促性腺激素（HCG）、促黄体素释放激素（LRHA）等。各种激素应用的剂量为：每千克雌鱼用垂体 4 ~ 6 毫克，或 HCG 1 200 ~ 1 800 国际单位，或 LRHA 20 ~ 25 微克。雄鱼剂量为雌鱼的一半，一般采用一次性胸鳍基部或肌肉注射。斑点叉尾鮰亲鱼被注射激素后，其效应时间相对较长，在水温 25℃左右时效应时间约 40 ~ 48 小时。

第三节　孵化设施及孵化管理

一、孵化方法

斑点叉尾鮰的孵化采用流水孵化方式，最常见的为孵化槽孵化。此外，还有环道、流水水泥池孵化等方法。

1. 孵化槽

孵化槽为一种长方形的孵化工具，可用白铁皮、玻璃钢、塑料板、木板等材料制作。槽的上方设有一根转动轴，轴上设有“S”形桨板，桨板长根据需要可设置搅拌装置、充气装置等。斑点叉尾鮰孵化常采用一种水车式的搅拌工具以模仿自然孵化时亲鱼的护卵行为。搅拌装置为装配在转轴上的叶片，以28～30转/分钟的转速，通过叶片搅拌搅动槽内水体波动，使悬挂在孵化槽内的卵块轻轻摆动，用以除去在卵上的附着物，增加卵块周围的溶氧。将气石放置在孵化筐两侧充气，以达增氧和除去卵上附着物的作用，充气量以不沸腾为宜。槽的两端设进水口与出水口，水以51～101升/分钟的速度流入槽中。当卵块要破膜时应在出水口端设一筛绢，以防破膜的仔鱼随水流流出孵化槽。孵化时应把卵块放在用网片做成的孵化筐中，再放入孵化槽内，放置深度以能没过卵块为准。若卵块过大，还应将卵块分割后放入筐中，以保证卵块内外层水温一致，发育速度同步和避免因卵块过大而造成缺氧。常见孵化槽规格为250厘米×60厘米×30厘米，卵筐的规格一般为25厘米×20厘米×10厘米。孵化槽与筐的规格可因地制宜地自行制作，一般每筐放一卵块，每槽可放4～5块卵。缺点是在产卵高峰时会占用大量孵化槽，管理工作量大。

2. 孵化环道

斑点叉尾鮰的环道式孵化常见有三种形式：流水式孵化、搅水式孵化、充气式孵化。

环道流水式孵化与普通的环道基本一致，只是卵块应放在孵化筐内。装了卵块的孵化筐悬挂于环道的流水中，卵筐顶部略高于环道水面以免卵块受水流冲动而落入环道中。搅水式孵化：在孵化环道内设置搅水装置，搅轴28～30转/分钟，孵化筐放在叶片旁边。充气式孵化：在孵化环道内加上充气装置，将气石设置在孵化筐两侧，气流将水冲起，使卵块浮于水中，以保证孵化的溶氧要求。

环道内水的流速一般为10～20升/分钟，气量大的水应酌情考虑，不可过大或过小。环道式孵化的优点是可充分利用原有孵化设备，若加上搅水装置或充气装置，孵化效果则更佳。缺点是不易收集鱼苗。

3. 水池孵化

水池孵化的方式是在长方形的水池中（见彩图 4），将孵化筐（见彩图 5）吊于水池中，并在池中设置气石充气，同时加大进排水量，防止溶氧不足和因设置卵筐密度过大而造成的代谢产物浓度过高。这种孵化的优点是孵化量大，利用率高，缺点为管理难度较大，水交换量大。但只要管理得当，孵化效果颇佳。

也可将环道孵化、水泥池孵化和孵化槽孵化方法相结合。破膜前将受精卵放在环道和水泥池中孵化（4 ~5 天），当卵块变红后（即将破膜）将其转入孵化槽中孵化，直至全部破膜（1 ~2 天）。本方法可节省孵化槽的用量，因环道和水泥池中水量交换小，溶解氧和水温稳定，利于胚胎发育，且管理方便。

二、孵化管理

1. 孵化用水

鱼卵一旦进入卵化设备孵化，要设专人管理，管理人员必须集中精力，做好管理工作，注意调节好水的流量。由于斑点叉尾鮰鱼卵孵化需要较长时间，所以还必须调节水质和水温，保持溶解氧在 5 毫克/升以上，pH 值 6.5 ~8.5，有条件的话，还可将水温调至 27 ~29℃的最佳孵化水温。水质混浊，盐度太大，矿物质含量高均影响孵化率。对出苗前的卵块每天用 10% 的高锰酸钾溶液消毒一次，注意清除卵块上的死卵粒和杂质。

2. 孵化管理

受精卵块放入孵化筐时必须注意孵化用水与产卵池水温差不能超过4℃，孵化用水要经过80目筛绢过滤。斑点叉尾鮰卵是黏性卵，卵块大小超过500克时，要用刀将卵块适当切开放入孵化筐中孵化，以免卵块过大，中心卵粒缺氧死亡。孵化期间，受精卵由枯黄色逐渐变为橘红色或棕色，未受精卵为无色透明，死卵为白色。死卵和未受精卵应及时挑出，以免滋生水霉感染其他卵粒。孵化期间，每天上午用20克/米^{3}高锰酸钾溶液浸浴一次，防止水霉病发生，在鱼苗即将出膜时应停止使用。孵化水温保持27～29℃，流水孵化，水中溶氧在5～6毫克/升。孵化期间经常翻动卵块，观察卵的发育情况，并随时用虹吸管吸出孵化槽中的卵壳。

影响斑点叉尾鮰孵化效果的外界因子包括水温、溶解氧、光照、水质盐度、酸碱度和矿物质等。水温直接影响胚胎发育，对孵化影响很大。实验表明，斑点叉尾鮰正常孵化水温为23～29℃，当水温超过29℃时便明显出现孵膜溶化、早出膜、孵化率低等现象，而当水温低于23℃时易得水霉病而影响孵化率。斑点叉尾鮰孵化过程水溶氧要求在5毫克/升以上，胚胎在脱膜前期需氧量最大，往往由于供氧不足而致胚胎死亡，管理时应加大水流或充气增氧保证溶氧要求。水质盐度、酸碱度和矿物质含量对孵化的影响也比较大，这些应激因子影响孵化通常表现为早出膜、孵化率低等现象，生产中应予以重视。

3. 孵化时间

斑点叉尾鮰鱼卵的孵化时间一般都比较长，不同的水温需要的孵化时间有很大的差异，在22～31℃范围内成反比关系。如22～25℃时需7～8天；25～28℃时需6～7天；28～31℃时需要3～5天。在22～25℃时卵块感染水霉严重，在31℃ ±0.5℃时畸形苗多，死卵也多，这两个孵化温度段孵化率都比较低。在27～29℃时，孵化率较高，因而斑点叉尾鮰鱼卵的最佳孵化温度应是27～29℃。

4. 出苗

为使得同一孵化槽内出苗基本一致，放入同一孵化槽内的鱼卵必须是同一批次，孵化时用12目左右铁丝网片编制的孵化篓盛装卵块，悬挂在孵化槽中。在整个孵化过程中，孵化槽要安放在室内或工作棚中，避免阳光直射鱼卵而影响孵化率。在水温25～30℃条件下，从受精到孵出鱼苗需要4～10天，刚孵出的仔鱼全长8～9毫米，黄色，形似蝌蚪，孵出的鱼苗在水体的底部聚集成团，此时的卵黄苗靠卵黄囊提供营养。待苗全部孵出后，运用虹吸原理，用塑料长管将槽底部的鱼苗吸入准备好的容器内，将鱼苗移入准备好的暂养池。约3天后即可开食，并开始上浮，体色由粉红色变为黑色。当上浮苗达1/3时，开始投饲。暂养期投喂一些轮虫或捣碎的水蚯蚓等，每天可以喂3～4次，经过7～8天的暂养就可以下塘培育了。

第四章
斑点叉尾鮰苗种培育

斑点叉尾鮰苗种培育阶段，从刚孵化出膜的带卵黄囊的水花开始，直到培育到可下池或网箱的大规格鱼种为止。根据苗种阶段的生物学特性及生长规律，从水花到大规格鱼种分为三个培育时期：①从刚出膜至能自由游动的混合营养期；②从约 1.5 厘米的鱼苗长到约 10 厘米，鱼苗体小嫩弱，摄食能力较差，处于食性转换阶段，对环境条件及敌害侵袭的应付能力较差，加之鱼苗集群性强且游泳能力差，须在环境条件适宜的水体中精心培育；③从约 10 厘米开始，经培育一段时间后，达到 30 克以上的大规格苗种。

第一节　苗种生物学

斑点叉尾鮰从刚孵化出膜的水花发育到大规格鱼种，个体大小、形态结构、生理特性、生活习性、摄食能力都发生了明显的变化。只有根据各个发育不同时期的不同生物学特点，采用相应的合理生产技术措施，才能获得质量好、数量多的鱼种。

食物转换特点：斑点叉尾鮰鱼苗、鱼种摄食器官的形态结构不断完善，摄食方式和食物组成的变化有下列特点：

①刚孵出的斑点叉尾鮰水花，均以卵黄为营养，处在内源性营养阶段；随后，鱼苗逐渐长大，卵黄囊由大变小。此时的鱼苗一方面吸收卵黄，另一方面摄食外界食物，处在混合营养阶段；卵黄囊消失后，鱼苗完全依赖水中浮游生物或人工配合饲料，此时处在外源性营养阶段。

②斑点叉尾鮰鱼苗，鳃耙间距较稀，仅能滤食一些小型浮游动物。摄食方式：依靠视觉主动摄食为主，体长4.5厘米以前，其食谱范围十分狭窄，其主要食物为轮虫和桡足类的无节幼体等浮游动物。吞食的大小依鱼苗的口径而定，过大的食物吞不下，过小的食物吃不到。

③体长4.5厘米以上的斑点叉尾鮰鱼苗，个体增大，口径增宽，游泳能力逐步增强，取食器官逐步发育完善，食性逐步转化，食谱范围也逐步扩大。此时除摄食浮游动物以外，还能吞食底栖动物，如摇蚊幼虫、水蚯蚓等，以及人工投喂的配合饲料。

④体长约10厘米的斑点叉尾鮰苗种，食性基本接近成鱼。主要以配合饲料为主，并摄食底栖动物，如摇蚊幼虫、水蚯蚓等，其食性与鲤鱼、鲫鱼基本相似。而且斑点叉尾鮰从鱼苗到成鱼均是集群性鱼类，这就要求在饲养管理时采用相应的投喂方法，使鱼苗在整个培育过程中均能均匀而充分的摄食。

鱼苗的生长速度由于鱼苗的代谢活动特别旺盛，所以其生长速度很快。根据培育实验，鱼苗在肥水下塘的条件下，经过15天的培育，体长由1.35厘米左右增至3.14厘米，1个月后增至8~10厘米，即后15天体长增长速度大于前15天。

斑点叉尾鮰鱼种的生长速度，与放养密度、水温、水质、饲料、管理水平等条件有密切关系。所以在鱼种培育过程中须重视这些因素的影响。

第二节　苗种培育

一、水花暂养

刚孵化出膜的斑点叉尾鮰水花，卵黄囊较大，不能自由游泳而喜欢集群在水体的底部，要进行暂养，待鱼苗不断发育，将卵黄囊吸收后能自由游动时，才能进入鱼苗池中培育。

1. 水花暂养设施

水花暂养在流水水泥池、网箱等。水泥池圆形、长方形均可，规格一般以容纳1~2立方米水体为佳，出水口用40目筛绢布过滤（见彩图6和彩图7）。

2. 水花暂养方法及管理

水泥池暂养，采用流水培育，将带卵黄囊的鱼苗放入水泥池中，依靠自身的卵黄囊提供营养，每立方水体放养2万~3万尾，开始3~4天，水体溶氧量达到5.0毫克/升，水质清新，同时不间断流水保持充足氧气；一般在第4~5天，水花发育逐渐完善能自由游动时，开始投喂蛋黄开口，随后依次投喂浮游动物和人工配合的微粒饲料，以浮游动物为佳，如水蚤及摇蚊幼虫等。暂养适宜水温为20~30℃，鱼苗放入暂养池时温差不超过2℃。投喂方法：少量多次，直到7~10日龄（鱼苗体色从微红变为深灰色）下塘为止。在培育过程中，要保持充足氧气，并清除水泥池中的杂物及粪便。

二、鱼苗培育

孵化后能主动摄食约1.35厘米的鱼苗培育至约10厘米，通常需要30~

40 天，一般为 35 天。目前主要的培育方式为池塘和网箱（见彩图 8），其中肥水池塘培育是最主要的方式之一。

1. 水质要求

水源水质应符合 GB 11607 的规定。

池塘水质应符合 NY 5051 的规定，水质清新充足且无污染。其中水体溶氧≥4.0 毫克/升，pH 值为 6.5～8.5，适宜透明度≥30 厘米。

2. 鱼苗培育池选择

鱼苗池的标准，应有利于鱼苗活动、生长、饲养管理和拉网操作。通常应具备下列条件：交通便利，水源充足，水质清新，注排水方便；池形整齐，最好是东西向、长方形，其长宽比为 5∶3，面积 1.0～3.0 亩，水深保持在 80～120 厘米，前期浅，后期深；池底平坦，淤泥适量（10～15 厘米），池底、池边无杂草；池堤牢固，不漏水；周围环境良好，鱼苗池向阳，光照充足，有利于有机物的分解和浮游生物的繁殖，鱼池溶氧可保持较高水平（见彩图 9）。

3. 清整消毒

鱼苗下池前 15～20 天，先要作好培育池的清整和消毒工作，以彻底清除野杂鱼及其他敌害生物，给鱼苗创造优良的环境条件，以利于鱼苗的成活和生长。进行这项工作时，先应将池水排干，除去野杂鱼和其他敌害生物，整平池底，清除池中杂物和池埂杂草，加固池埂，堵塞漏洞，然后暴晒 3～5 天，回水 3～5 厘米深才进行池塘消毒。

常用的消毒药物及用量分别是：生石灰 50～75 千克/亩，茶粕 20～30 千克/亩或漂白粉（含有效率 30% 以上）5～10 千克/亩，其中以生石灰效果最好。

4. 施放基肥

在鱼苗池清整消毒后7～10天鱼苗下池，此时下塘正值轮虫高峰期。为培养天然饵料，应在池中施放基肥，方法是先向池塘注水70～80厘米，然后全池泼洒粪便或在池角施放绿肥，每亩可施粪肥300～500千克或绿肥300～500千克，把水质控制在绿豆青色或黄绿色为宜。

5. 鱼苗放养

放养密度应根据鱼苗、水质、鱼池条件、饲养技术等情况灵活掌握，密度过大，鱼苗摄食不均匀，天然饵料供应不足，生长缓慢；密度过小，会因集群性能差，寻找人工配合饲料困难，对生长不利，而且产量较低。总之，鱼苗体质好、水源方便、饲料供应充足、鱼池条件好、饲养技术水平高的，放养密度可适当大些。一般以每亩放养2万～2.5万尾比较适宜，且不宜搭养其他鱼类，以单养为好；若是养成规格苗出售，可加大放养密度8万～10万尾/亩。

放养斑点叉尾鮰鱼苗时，应注意下列事项：①鱼苗须能够正常水平游动和主动摄食外界食物时方可下塘。幼苗在进入培育池之前，要进行暂养，即在卵黄囊消失，鱼苗开口，自由游动后方可进入培育池。如过早下塘，鱼苗活动能力弱，摄食能力差，会沉入池底而死亡；反之下塘过晚，卵黄囊已吸收完毕，鱼体因缺乏营养而消瘦，体质下降，成活率降低。②下塘的鱼苗最好是同一批孵出的鱼苗，否则会使鱼苗生长不一，造成不良后果。③鱼苗放养施放基肥6～8天后，如天气正常，即可准备放养鱼苗，鱼苗放养前应先用密眼网将清塘后池中繁殖的有害昆虫——蛙卵、蝌蚪和杂鱼清除，然后放数尾活鱼试水，只有在证实毒性确已消失后才能放养鱼苗。④下塘时注意装鱼苗的容器与水温的温差，两者应小于2℃，若温差过大，应调节容器水温，使其接近池水温度，然后才放鱼苗下池培育。

6. 鱼苗投喂及日常管理

①斑点叉尾鮰鱼苗下池2～4天内，不投饵或少量投喂混合饲料。主要由于培育池中存在丰富的天然饵料，因此不需投饵，以后随着天然食物的减少，在设置食台的位置安装一盏诱虫灯，使鱼苗习惯在食台聚食，当鱼苗长至4.5厘米后，将人工饲料打粉后和水沿池边泼洒，逐渐将范围向食台收拢。人工配合饲料的主要成分有鱼粉、玉米粉、黄豆粉、维生素和矿物质，要求蛋白质含量为35%～40%。鱼体全长在6厘米以前日投饵4次，以后日投饵2～3次；水温在15～32℃时，每天上、下午各投饲料一次，投饵量约占鱼体重的3%～5%，水温降至13℃以下每天投喂一次，投饵量占鱼体重的1%。冬季若摄食可每周喂1～2次。斑点叉尾鮰具有夜间摄食的特性，可在投喂时逐渐将时间调至白天，驯化其在白天摄食；另采用浮性料，有助于驯化其在白天摄食。日投饵量要根据天气、水温、鱼的摄食情况等做适当调整，以投饵后半小时内吃完为宜，为减少饲料的浪费，投喂前最好先将配合好的粉状饲料用水拌成团状，然后再投喂。苗种长到5厘米时投喂粒径为1毫米的人工配合饲料，随后根据鱼种的生长情况逐渐加大饲料粒径，鱼种长到12厘米左右时可使用直径为3.5毫米的颗粒饲料。

②分期注水是提高鱼苗成活率和生长速度的有效措施。鱼苗下塘后3～5天，鱼体小，池塘水深应保持在50～60厘米。以后每隔1周注水一次，每次注水量约10～20厘米，培育期间共加水3～4次，最后加至最高水位1.2米。注水时须在注水口用密网拦阻野杂鱼和其他敌害生物流入池内，同时应防止水流冲起池底淤泥，搅浑池水。

浅水下塘，池水体积小，豆浆和其他肥料的投放量相应减少，节约了饵料和肥料的用量；同时鱼苗下塘时保持浅水，水温提高快，有利于天然饵料生物的繁殖和鱼苗的生长。可根据鱼苗的生长和池塘水质情况，适当添加一些新水，以提高水位和水的透明度，增加水中溶氧量，改善水质和增大鱼的活动空间，促进浮游生物的繁殖和斑点叉尾鮰鱼苗的生长发育。

③在鱼苗整个培育期间，尤其体长为 1 厘米，晴天时增氧机需从日出开到日落（喂食时关闭），使水体上、下层得到充分的交换，防止鱼苗气泡病；夜间需注意观察鱼苗状态，及时增氧与换水。鱼苗养至体长 3 ~ 3.5 厘米，应及时分池、分规格，同时须加强日常管理，要求每天巡塘 3 次，做到“三查”和“三勤”。即早上查鱼苗是否浮头，勤捞蛙卵，消灭有害昆虫及其幼虫；午后查鱼苗活动情况，勤除杂草；傍晚查鱼苗池水质、天气、水温、投饵施肥数量、注排水和鱼苗的活动情况等，勤做生产日志（记录每日的投饵、用药、鱼体和水体状况），安排好第二天的投饵、施肥、加水等工作。在整个鱼苗饲养期间，池水溶氧应保持在 4 毫克/升以上。要防止鱼苗严重缺氧浮头，还要注意观察鱼病情况；如发现死鱼或有鱼离群在池边缓缓游动，表明可能发生了鱼病，应马上检查、确诊，采取必要的防治措施，一般下塘 7 天左右需杀虫一次（一般为车轮虫或三代虫），随后用碘制剂或溴制剂消毒一次，并及时捞出池中蛙卵、蝌蚪、杂草、赃物等敌害生物。

④拉网锻炼。鱼苗养至 4 ~ 5 厘米时，体重已增加好几十倍，要求有更大的活动范围。同时鱼池的水质和营养条件已不能满足鱼种生长的要求，因此须分塘稀养；此时正值夏季，水温高，鱼种新陈代谢强，活动剧烈；而夏花鱼种体质又十分嫩弱，对缺氧等不良环境的适应能力差。为此，夏花鱼种在出塘分养前须进行 2 ~ 3 次拉网锻炼。其主要有以下作用：夏花经密集锻炼后，可促使鱼体组织中的水分含量下降，肌肉变得结实，体质较健壮，经得起分塘操作和运输途中的颠簸；使鱼种在密集过程中，增加鱼体对缺氧的适应能力；促使鱼体分泌大量黏液和排除肠道内的粪便，减少运输途中鱼体黏

液和粪便的排出量，从而有利于保持较好的运输水质，提高运输成活率；拉网可以除去敌害生物，统计收获夏花的数量。

7. 苗种饲养

将夏花鱼种再经过一段时间较精细的饲养管理，养成大规格和体质健壮的鱼种，然后才可提供养殖成鱼之用。

（1）鱼池的准备

鱼种池要求的条件与鱼苗池相似，但面积要求大一些，以 3 ~ 5 亩比较理想，水深 1.3 ~ 1.5 米，加水前要加装 40 目筛绢网做成的锥形网袋过滤进水，以免野杂鱼混入。鱼池的清整，消毒与鱼苗池相似，由于在这个饲养阶段的鱼种主要以人工投喂为主；因此不需要施放基肥，鱼池的清整及消毒工作应在夏花鱼种出池前一周全部完成。

（2）放养时间

夏花的放养时间一般在 7—8 月，放养方式有单养及与鲢鳙鱼种混养两种，而且以混养较好，因为鲢鳙鱼主要以浮游生物为食，与斑点叉尾鮰鱼种混养，既可避免池内浮游生物的大量出现而影响水质，又能提高池塘水体的利用率。

夏花鱼种如经过长途运输，在放养前需用 1% ~ 3% 的盐水做消毒处理后才能下池，放养密度应根据预期的出池规格及池塘条件等来确定，对要求出塘规格小，而且生产条件良好的如有增氧设备等，可适当增加放养密度，反之，则要适当降低放养密度。根据试验，每亩放养 5 000 ~ 7 000 尾夏花，同时搭配 500 ~ 1 000 尾规格相近的鲢鳙夏花鱼种，可获得良好的饲养效果。

（3）鱼种质量

要求体质健壮，活力强，体色一致，体表光滑且黏液丰富，体侧有不规则的斑点，无损伤，规格基本整齐。

（4）鱼种消毒

将鱼种放入尼龙网片制作的暂养箱（规格：1.5 米×0.8 米×1.0 米），用5%食盐水浸洗鱼体10分钟左右再放入鱼池，也可用8克/米^{3}硫酸铜清洗鱼体15～20分钟。

（5）投喂与日常管理

苗种投喂设施，见彩图10。

①斑点叉尾鮰鱼种饲养期间，主要以投喂人工饲料为主，选择专业生产厂家生产的膨化浮性鱼专用配合饲料，粗蛋白含量要求达到30%～35%，购入的颗粒饲料须符合《无公害食品渔用配合饲料安全限量》(NY 5072—2002)。也可就地取材自配饲料喂养，但要根据斑点叉尾的偏肉食性特点和商品鱼出塘规格要求，蛋白质含量要达到30%～34%。大致配方为鱼粉15%、菜籽饼20%、豆粕16%、酒糟13%、麦粉16%、细糠7%、玉米粉6%、预混料5%、磷酸二氢钙2%。根据鱼类摄食和健康状况，有时可适当加入土霉素等药物，切勿使用霉变原料。

投喂时要注意“四定”，即定时、定位、定质、定量。第一个星期可用破碎饲料加水揉成团置于饲料台中，投喂前用勺敲打桶发出响声使鱼群形成条件反射，之后可正常投喂。如果购置了颗粒饲料投喂机，则投喂均匀，省时省工效果更好。投喂时要坚持做到定时、定位、定质、定量，开始时投喂量为鱼体总量的3%～3.5%，5—9月达到鱼体总重的5%～7%，若遇水温过高可减少投喂量，10月后减为2%～3%，每天分两次投喂，上午8:00—10:00，晚上20:00—22:00，每次投喂以达到八分饱即可，阴雨天可适当减少投喂量。但投饵量也要根据水温、水质及鱼的摄食状况等随时进行合理调整。

②日常管理。a. 每天早上或下午各巡池1次，观察水质及鱼的活动情况，配备简易水质分析仪、水温计，每天测定水温，溶解氧要保持在4毫克/升以上，pH值保持在6.8～8.5的偏碱性，水体透明度保持在35～40厘米，了解

吃食情况。b. 适时注水或换水，适时加水，调节水质，使水质清爽，一次加水换水量 15 ~ 30 厘米深，但不超过池水总量的 1/3。必要时可放掉部分底部池水，以改善水体环境。每隔 20 天左右用生石灰 15 ~ 20 千克/亩兑水化浆全池泼洒一次，调节水质及控制 pH 值。特别 7—8 月高温天气或阴雨闷热天如发现溶解氧过低或有浮头症状，应减少投喂量并加注新水，同时开动增氧机。以增氧机作为主要手段进行增氧，要坚持勤开、多开，阴天早晨开、连阴雨天半夜开。如遇浮头严重，增氧机不能救急时可撒增氧剂快速增氧。c. 做好防洪（逃）工作，同时做好鱼病防治工作。贯彻预防为主，防治结合的原则，做到“以防为主、管理为先”。预防鱼病的措施包括做好鱼池消毒、鱼苗鱼种检疫消毒、工具消毒，还要经常保持池塘环境卫生，加强水质监控，不投喂变质饲料。做好防范，不能用周边农田使用过的农药水。养殖周期内常用的预防方法为：根据水质、鱼类生长情况，一个周期内可用 20 ~ 25 千克生石灰化浆全池泼洒一次，两周后用二氧化氯兑水全池泼洒，使池水浓度达到 0. 3 毫克/升，两周后用硫酸铜、硫酸亚铁合剂兑水全池泼洒，使池水浓度达到 0. 7 毫克/升。10 月以后不再使用药物。生产过程中要杜绝使用国家禁止的渔用药物，渔药使用应按 NY 5071 的规定执行，使用药物后应按《水产养殖质量安全管理规定》填写“水产养殖用药记录”。

第五章
成鱼养殖

斑点叉尾鮰成鱼养殖成活率高，时间较短，对养殖条件要求也不很严格。目前饲养成鱼的主要方式有池塘养鱼和网箱养鱼。池塘养鱼是我国饲养斑点叉尾鮰成鱼的主要方式，全国养殖面积 30 000 亩，成鱼年产量 5.3 万吨。

第一节　池塘养殖

一、池塘

1. 池塘条件

池塘是养殖鱼栖息、生长、繁殖的环境，许多增产措施都是通过池塘水环境作用于鱼类，故池塘环境条件的优劣，直接关系到鱼产量的高低。

饲养成鱼的池塘条件包括池塘位置、水源和水质、面积、水深、土质以及池塘形状与周围环境等。在可能的条件下，应采取措施，改造池塘，创造适宜的环境条件以提高池塘鱼产量。

（1）池塘位置

池塘应选择在水源充足、水质良好、交通、供电便利的地方建造鱼池。

（2）水源和水质

池塘应符合渔业用水标准，有良好的水源条件，以便于经常加注新水。

（3）面积

成鱼池的面积要求较大，一般以 2 000 平方米至 10 亩为宜，最大不超过 10 亩。

（4）水深

精养鱼池常年水位应保持在 2.0～2.5 米为宜，并配备有增氧机，以利于鱼类的生长和池塘单位面积产量的提高。

（5）土质

饲养池塘的土质以壤土最好，黏土次之，沙土最差，池底淤泥和腐殖质少。

（6）池塘形状和周围环境

鱼池以东西长而南北宽的长方形为最好，长方形池的长宽比以 5∶3 最好。池塘周围应无高大树木及房屋等，以避免阳光照射和风的吹动。

（7）池底形状

鱼池池底一般可分为三种类型：第一种是“锅底形”，即池塘四周浅，逐渐向池中央加深，整个池塘形似铁锅型。第二种是“倾斜形”，其池底平坦，并向出水口一侧倾斜。第三种即为“龟背形”，七尺塘中间高，向四周倾斜，在与池塘斜坡接壤处最深，形成一条浅槽（俗称池槽），整个池底呈龟背状，并向出水口一侧倾斜。其排水捕鱼十分方便，运鱼距离短。

2. 池塘改造

良好的池塘条件是获得高产、优质、高效的关键之一。目前养殖斑点叉尾鮰对高产稳产鱼池的要求是：①面积适中，一般养鱼水面以 10 亩左右为佳；②水较深，一般在 2.5 米左右；③有良好的水源和水质，注排水方便；④池形整齐，堤埂较高较宽，大水不淹，天旱不漏，旱涝保收。此外，池底最好呈“龟背形”或“倾斜形”，池塘饲养管理方便。

如鱼池塘达不到上述要求，就应加以改造。改造池塘时应按上述标准要求，采取：小池改大池；浅池改深池；死水改活水；低埂改高埂；狭埂改宽埂。

3. 池塘的清整

池塘经一年的养鱼后，底部沉积了大量淤泥（一般每年沉积 10 厘米左右）。故应在干池捕鱼后，将池底周围的淤泥挖起放在堤埂和堤埂的斜坡上，待稍干时应贴在堤埂斜坡上，拍打紧实。这样可改善池塘条件，增大蓄水量，减轻了池坡和堤埂的崩坍。整塘后，再用药物清塘（方法与鱼苗培育池的清塘相同）。

清整好的池塘，注入新水时应采用密网过滤，防止野杂鱼进入池内，待药效消失后，方可放入鱼种。

4. 盐碱地鱼池水质特点及其改造

除上述淡水淡土的鱼池外，我国东北、华北、西北以及沿海河口还有面积广阔的盐碱地。这些土地一般不宜农作物的生长，甚至寸草不生，而经改造后，即可挖塘养鱼。经过若干年的养鱼，这些土地完全或基本淡化后，根据需要还可以改为农田。目前，利用盐碱地发展池塘养鱼，已成为我国改造盐碱地的重要措施。

沿海受海水影响的地区，水中离子以 Cl^- 为最多。在干旱少雨地区，河水含盐量较高，有的可达 1 000 毫克/升以上，高的可达 7 000 毫克/升。当水中含盐量超过 300～500 毫克/升时，离子间的比例则有较大的变化，水中 HCO_3^- 的比例下降，Cl^- 或 SO_4^{2-} 的比例增加。在理论上 SO_4^{2-} 本身无毒，但在缺氧、有机物高的情况下，硫酸根可被细菌还原为鱼类有毒的硫化氢。

试验表明，我国几种主要淡水养殖鱼类在盐度为 5% 以上时生长较差。而且在一定的碱度条件下，pH 值越高，毒性越大。因为在这种碱度下，如光合作用很强烈，易使 pH 值为 1～10，从而引起鱼大批死亡。

生产上可采取以下措施来改造盐碱地鱼池：

①建池时必须通电、通水、通路，挖池和修建排灌渠道要同步进行。一般主河道宽 10～12 米，河道两端设水闸，以控制水位和流向。

②引淡排碱，池塘的进、排水河道必须严格分开。

③早开塘、打复水。

④施足有机肥料，使“生塘”变为“熟塘”。

⑤改造盐碱水质必须与改造土质同步进行。在改造池塘的同时，池边的池埂和饲料地应种植田箐等降碱排碱绿肥。

⑥经常加注淡水，排出下层咸水。

⑦高水位压盐。为防止地下水位渗入池内，在日常管理中应保持池内水位高于外盒水位。

⑧忌用生石灰清塘。

采用上述措施，开挖一年的盐碱地池塘水的盐度可由 4 下降到盐度 2～2.53，两年后池塘盐度下降到 1.5～2，三年后池塘盐度下降到 1.3～1.5（冬季测定）。

二、鱼种

鱼种既是成鱼饲养的物质基础，也是获得成鱼高产的前提条件。优良的鱼种在饲养中成长快、成活率高。饲养上对鱼种的要求是：数量充足，规格合适，体质健壮，无病无伤。

鱼种规格大小是根据成鱼池放养的要求所确定的。通常仔口鱼种的规格应大，而老口鱼种的规格偏小，这是高产的措施之一。但由于各地的气候条件和饲养方法不同，斑点叉尾鮰的生长速度也不一样，加以市场要求的食用鱼上市规格不同。因此，各地对鱼种的放养规格也不同，放养鱼种规格一般为 30～50 克/尾，体长 12～20 厘米。

（1）鱼种来源

池塘养鱼所需的鱼种可由本单位生产、就地供应和异地供应。本单位生产和就地供应鱼种可降低成本，而且鱼种的规格、数量和质量也能得到保证。目前鱼种供应主要由鱼种池专池培育。鱼种池主要培育 1 龄鱼种和 2 龄鱼种。

（2）鱼种放养时间

提早放养鱼种是争取高产的措施之一。长江流域一般在春节前后放养，东北和华北地区可在解冻后，水温稳定在 12℃ 以上时放养。在水温较低的季节放养有以下好处：鱼的活动能力弱，容易捕捞；在捕捞和放养的操作过程中，不易受伤，可减少饲养期间的发病和死亡率；提早放养也就可以早开食，延长了生长期，最好于晴天现捕现放。水温超过 15℃ 会加大抬网、运输的死亡率。鲢、鳙等滤食性鱼类的放养可在 4 月上旬进行。

三、确定配养鱼类

养殖斑点叉尾鮰池塘，如果不是单养，就需要搭配鱼类混养。培养鱼是处于配角地位的养殖鱼类，它们可以充分利用主养鱼的残饵、粪便形成的腐屑以及水中的天然饵料很好地生长。

1. 市场需求

根据当地市场对各种养殖鱼类的需求量、价格和供应时间，为市场提供适销对路的鱼货。

2. 饵料肥料来源

肥料容易解决地区可考虑搭配滤食性鱼类（如鲢、鳙）或腐屑食性鱼类（如罗非鱼）；精饲料充足的地区，则可考虑鲂等鱼类。

3. 池塘条件

池塘面积大，水质肥沃，天然饵料丰富的池塘，可选择搭配鲢、鳙；新建的池塘，水质清瘦，则搭配鲂等。

4. 鱼种来源

只有鱼种供应充足，而且价格适宜，才能作为养殖对象。

综上所述，适宜于斑点叉尾鮰混养的鱼类主要为鲢、鳙、鳊、罗非鱼等。

四、混养搭配和放养密度

在池塘中进行多种鱼类、多种规格的混养，可充分发池塘水体和鱼种的生产潜力，合理地利用饵料，提高产量。混养是我国池塘养鱼的主要特色。混养不是简单地把几种鱼混在一个池塘中，也不是一种鱼的密养，而是多种鱼、多规格（包括同种不同年龄）的高密度混养。

1. 混养的优点

混养是根据鱼类的生物学特点（栖息习性、食性、生活习性等），充分运用它们相互有利的一面，尽可能地限制和缩小它们有矛盾的一面，让不同种类和同种异龄鱼类在同一空间和时间内一起生活和生长，从而发挥“水、种、饵”的生产潜力。混养的优点如下：

（1）合理和充分利用饵料

在投草类后，草鱼将草类切割，其粪便转化成腐屑食物链，可供草食性、滤食性、杂食性鱼类多次反复利用，大大提高了草类的利用率。在投喂人工精饲料时，主要为斑点叉尾鮰所吞食，但也有一部分细小颗粒散落而被鲂鱼和各种小规格鱼种所吞食，使全部精饲料得到有效的利用，不至于浪费。

（2）合理利用水体

主要养殖鱼类的栖息水层是不同的，鲢鱼、鳙鱼栖息在水体上层，团头鲂喜欢在水体中下层活动，斑点叉尾鮰、罗非鱼等则栖息在水体底层。将这些鱼类混养在一起，可充分利用池塘的各个水层，同单养一种鱼类相比，增加了池塘单位面积放养量，提高了鱼产量。

（3）发挥养殖鱼类之间的互利作用

混养的积极意义不仅在于配养鱼本身提供一部分鱼产量，并且还在于发挥各种鱼类之间的某些互利作用，因而能使各种鱼的产量均有所增产。

（4）获得食用鱼和鱼种双丰收

在成鱼池混养各种规格的鱼种，既能取得成鱼高产，又能解决翌年放养大规格鱼种的需要。

（5）提高社会效益和经济效益

通过混养，不仅提高了产量，降低了成本，而且在同一池塘中生产出各种食用鱼。特别是可以全年向市场提供活鱼，满足了消费者的不同要求，这对繁荣市场、稳定价格、提高经济效益有重大作用。

2. 混养鱼类之间的关系

（1）斑点叉尾鮰与鲢鱼、鳙鱼之间的关系

斑点叉尾鮰俗称“吃食鱼”，它们的残饵和粪便形成腐屑食物链和牧食链，给鲢鱼、鳙鱼提供了良好的饵料条件，故群众称鲢鱼、鳙鱼为“肥水鱼”。反过来“肥水鱼”又通过摄食腐屑和滤食浮游生物起到了防止水质过肥，给喜欢清新水质的“吃食鱼”，创造了良好的生活条件。

这样既提高了饵料利用率，做到一种饲料多次反复利用，又发挥了它们之间的互利作用，促进了鱼类生长。在施肥和投精饲料的情况下，“肥水鱼”和“吃食鱼”之间的比例大体为5∶1。渔谚有“一层吃食鱼，一层肥水鱼”的说法。

（2）鲢、鳙之间的关系

鲢、鳙的主要饵料只是相对地不同，特别是在施肥及投喂精饲料的池塘中。鲢的抢食能力远比鳙强，因而容易抑制鳙生长。在池塘养殖中，浮游动物的数量远比浮游植物少得多，鳙不能放养太多。渔谚有“一鲢夺三鳙”之说，因此，鲢、鳙投放的比例一般为3～5∶1。

（3）斑点叉尾鮰与鲂之间的关系

斑点叉尾鮰个体大，食量大，要求饵料高，而鲂则相反。将它们混养在一起，斑点叉尾鮰可为鲂提供大量的适口饵料，而鲂则为斑点叉尾鮰清除残饵，清洁食场，不使残饵腐败变质，清新水质。这样不仅充分利用了饵料，而且改善了水质，有利于斑点叉尾鮰的生长。

五、放养模式及放养密度

1. 单养模式

单养鱼种规格每尾长8～10厘米。每亩放养800～1 000尾。

2. 以斑点叉尾鮰为主套养鲢、鳙为辅的混养模式

以斑点叉尾鮰为主套养鲢、鳙为辅的混养模式，主要利用斑点叉尾鮰的粪便和残渣剩饵肥水，产生大量腐屑和浮游生物，养殖鲢、鳙。一般放养大

规格斑点叉尾鮰鱼种600～1 000尾/亩，搭配放养尾重50克左右的鲢、鳙鱼120～150尾/亩，用以控制池水水质。

六、放养前准备

一般地区鱼种在放养前，要对池塘进行干塘清淤、消毒。每亩用生石灰100～150千克全池泼洒，消毒后晒塘10天左右。在晒塘期间做好进排水闸、过滤网及防逃设施。在放苗前5～7天，用60目筛绢网过滤进水，加水至1.5米深，调节池水的pH值至6.5～8.0后，即可投放鱼种。鱼种在下塘前要用3%～5%的食盐+青霉素1 000万国际单位水溶液浸泡5～10分钟，进行严格的鱼体消毒。

盐碱地区放养前准备工作如下：

1. 引水洗碱

滩涂塘底质盐碱较重，池塘放苗前，首先对池底柴草滩进行耕翻，耕翻后晒7～10天，然后进水到滩面以上20厘米左右，浸10天左右排掉。

2. 消毒除野

通过排干塘水清淤，可清除埋在淤泥中的黑鱼等野杂鱼类，然后重新进水，滩面水深30厘米左右，用含氯30%的漂白粉5千克/亩进行消毒。

3. 培肥水质

消毒3天后，施用发酵过的有机肥300千克/亩培肥水质。也可沤制矾肥水，用硫酸亚铁、豆饼、人粪尿、水按4:10:20:400的比例混合，在阳光下晒半个月，充分发酵后使用，效果较好。

七、饲料投喂

池塘养殖斑点叉尾鮰，所投喂的饲料要求营养全面，所添加的微量元素符合国家鱼类饲料营养与安全标准要求。饲料要求新鲜、适口，放养初期饲料蛋白质含量要求在34%～36%，待鱼体重达到150克以上，饵料蛋白质含量可降至30%～32%。

斑点叉尾鮰喜欢在弱光条件下摄食，故投喂时间应选在黎明及黄昏。水温在15～32℃时，每天上午8:00以前、下午18:00以后各投饲一次，投饲量约为鱼体重的4%～6%，水温降至13℃以下每天投喂一次，投喂量占鱼体重的1%。冬季每周喂1～2次。成鱼规格达到500克以后，投喂量可适当减少。

投喂要坚持“四看”和“四定”。“四看”，即看季节、看天气、看水质、看鱼的活动和摄食情况，一般阴雨天少投或不投食，鱼摄食少则少投食。“四定”，即定位、定时、定量、定质。另外，为了观察鱼的吃食情况，应在池中搭设饲料台，这样既能掌握投料量，也易于残饵清理和疾病防治。

八、日常管理

养殖的中后期，因投饵量较大，使池水过肥而容易形成“水华”，此时可在每亩水面搭配放养鲢、鳙鱼的基础上，每亩套放100～150尾小规格罗非鱼，采取生物方法控制池水水质。

斑点叉尾鮰耐低氧能力相对较差，易浮头或泛塘，且对水质要求较高，养殖过程中要长期保持水质肥、活、嫩、爽，透明度保持在25～30厘米。定期注排水，所加水须经过曝气，目的是增氧和升温；7—8月每10～15天换水1次，每次换水量约20～30厘米。水色过浓，透明度低于25厘米时，应及时冲注新水；当成鱼规格达到250克左右时，应在每晚21:00到次日凌晨4:00，向池中注入微流水，或启动增氧机增氧，保证池水溶氧量在4毫克/升以上；每月向池中泼洒生石灰，每次每亩的用量为10～15千克，进行水体清洁和水质调节，使池水呈微碱性；还可全池泼洒光合细菌等生物制剂进行水质调节，以利于鱼类的生长和鱼病的预防。

养殖池配备的增氧机，每天于午后和清晨各开1次，每次2～3小时，高温季节每次3～4小时。闷热天、阴雨天或傍晚有雷阵雨时须提早开机，鱼类浮头应及时开机，中途切不可停机，傍晚不宜开机。具体开机情况视池塘条件和鱼类情况酌情掌握。

在养殖的中后期，还要配以每半个月投喂含中草药或多维的饵料8天左右，可增强斑点叉尾鮰的抗病能力，防止斑点叉尾鮰病害发生。

九、捕捞及运输

1. 捕捞方法

池塘养殖的捕捞分为完全捕捞和部分捕捞两种：前者将所有鱼类从池塘中集中一次捕出；后者每次仅从池塘中捕出部分鱼类。完全捕捞通常采用反复拉网或将池塘排干的方式。在平原上筑堤式池塘，通常用拉网起捕；在丘陵式山塘，通常先将水位降低，再拉网捕鱼。能排水的池塘，最后再用拉网或抄网在进排水口处将剩余鱼类捕出。

另外，在捕鱼前还应做好渔获物暂养和运输的准备。斑点叉尾鮰和其他淡水鱼一样，产品大多集中在秋、冬季起捕上市，有时因为过于集中，价格偏低，导致一时难以出手，必须有蓄养的准备，即使采取运输方式，起运前也有一段时间需蓄养。蓄养最常用的是网箱，但蓄养期间应加倍小心，特别要防鱼类缺氧，还需要防范偷盗。

为防止上市过于集中，最好在不同时间，放养不同规格的鱼种，使产品分散上市，而且错过季节在春、夏上市的商品鱼能获得更高的利润和效益。

2. 暂养

由于斑点叉尾鮰养殖是春放冬捕，往往导致冬季淡水鱼市场饱和，而春夏季淡水鱼上市较少，造成市场供应淡旺不均。实践证明，进行斑点叉尾鮰暂养，既可调节市场，又能提高经济效益，一举多得。其中暂养技术要点归纳如下：

（1）暂养池的要求

可利用冬闲鱼种池、冬闲稻田或沟塘等，要求池底淤泥较少，面积根据暂养数量的多少具体确定，池水深2~2.5米，并要求排水方便。暂养池在放养前要抽干池水，并用生石灰清塘消毒，待药性消失后再放养。

（2）暂养期的管理

暂养池经过清整后，施用一定量的基肥，以培养浮游生物，为暂养鱼摄食和冬季光合作用提供营养。准备暂养的鱼在拉网起捕、挑选和运输等操作过程中，都要格外小心，避免碰伤鱼体。进入冬季，水温低于5℃时，要搞好保水工作，增加池水溶氧，防止结冰后水位下降过多，造成缺氧和鱼被冻晕、冻死。天气晴好、温度高时，要隔几天投喂一次饲料；开春以后，天气渐暖，即进行正常投饲、施肥，促进暂养鱼增重。特别提示的是，整个暂养期间要注意预防水霉病和寄生虫病等病害。

各场要根据自己的具体情况，采取相应的管理措施，减少病害造成的损失，做到既保证越冬成活率，又要尽量降低越冬成本，提高经济效益。

3. 活鱼运输

近年来，由于活鱼消费量的急剧增加，加速推动了鱼类活体运输产业的快速发展。从有水运输关键技术出发，通过停食暂养、添加麻醉剂、改进装备等方式，不仅能够获得更高的存活率，而且可大大延长运输时间。

活鱼市售不仅营养价值达到最高，食用口感细腻鲜美，而且售价是冷冻鱼的两倍，甚至更高。因此，如何提高活鱼运输的存活率早已成为行业内外的关注焦点。

在鱼类有活水运输过程中，鱼体状态、暂养、麻醉、运输工具及环境均是关键因子。

（1）鱼体状态

鱼体状态是影响运输效率的重要因素之一，直接关系到物流各环节的持续作业。实践证明，良好体态的活鱼对水环境恶化具备较强的抵御能力，而处于受损害、生病或亚健康状态的活鱼则相反。因此，在活斑点叉尾鮰运输前，应根据其体表是否出血发红、鳞片脱落、黏膜损伤等现象鉴别健康程度。通常情况下，异常活鱼会出现体表发白、眼珠白浊、皮肤充血、脱鳞、有伤口或鱼鳍破损等状况，而健康活鱼则体表光滑、色泽光亮。其次，可借助鱼体游动情况判定健康程度，异常活鱼会沉于池底或浮头，游动时鱼鳍异常、离群或独处一角等，反之则游动轻松平稳，鱼鳍舒展。此外，观察应激反应亦可确定活鱼体态，健康活鱼对外界刺激反应强烈，而病鱼或体表受伤的活鱼无明显反应。综上所述，通过对活鱼进行有效挑选，可保证其活体运输的质量。

（2）暂养

暂养亦称蓄养，是指人们将捕获于天然水域或人工养殖中的水产生物转移至人工条件下进行停饵驯化保活，是活鱼运输前的必备环节，直接影响其运输时间的长短。

暂养环境条件因品类的基本生活习性、生理特征、运输方式等而异。待运或待售前的暂养主要是通过停食的方式，促进鱼体代谢物的排泄，以减少其新陈代谢，降低运输中的耗氧量，减小应激反应，延长其保活时间，提高存活率。

在暂养过程中，其基本要求是保持水中充足溶氧，保证水质清洁和最适生存水温。与此同时，应考虑鱼体暂养密度、暂养时间对运输前的影响。

暂养密度一般不易过大，具体情况可根据暂养设施及时间确定，暂养时间最好在 48 小时以上，但不宜过长。暂养密度较大时，通常可导致相互之间碰撞造成损伤，以及由于水中溶氧量不足造成间接性死亡。暂养时间在 48 小时以上，72 小时以下为最佳状态。暂养 48 小时以下会由于鱼体内代谢物未排泄充分而导致运输存活率降低，暂养 72 小时以上会由于鱼体重量下降以及劳动成本的增加导致销售价格增加。

此外，为了提高运输时间及存活率，通常采用低温有水运输。然而将活鱼直接从生存水温环境转移至低温环境会产生强烈的应激反应，因此需要对其进行过渡处理，即在暂养过程中，平均每小时以 0.5 ~ 3℃ 速率降低水温，以避免活鱼对较大的水温差产生应激从而影响运输效率。

（3）麻醉

麻醉是采用麻醉剂抑制机体中枢神经，抑制其对外界的反射与活动能力，从而降低呼吸、代谢强度和减小应激反应。活鱼在流通运输前或过程中，使用麻醉剂可有效提高存活率与运输时间，增大运输密度。目前，应用于鱼类的麻醉剂近 30 余种，但用于斑点叉尾鮰运输领域最常见的主要有 MS－222（又名鱼安定、鱼保安、鱼安保、鱼静安等）、丁香酚等。

MS－222 是广泛应用于水产品各流通销售环节的麻醉剂，易溶于水，入麻时间短，复苏快，存活率高，无毒害。虽然 MS－222 已获得美国食品与药品管理局（FDA）认可，但 FDA 要求经 MS－222 麻醉的食用鱼必须经过 21 天的药物消退期才可投入市场销售。由于 MS－222 使用剂量较高且价格昂贵，多应用于名贵水产品。目前，国内市场用运输麻醉领域最多的麻醉剂为丁香酚提取液，作为水产麻醉剂，其溶解性高、效率高和成本低。丁香酚提取液能够快速地从血液和组织中排出，不会诱发机体产生有毒和突变物质。

（4）运输工具

运输工具是实现活鱼流通的重要设施装备，对其运输距离、运输时间和运输品种等起着决定性作用。在实际运输过程中，通常情况下，长距离、大批量的活鱼运输均选择中型或大型运输货车；短距离、小批量的活鱼运输均选择小型水产专用运输三轮车；以家庭、酒店、零售商等为单元采购或同城配送均选择使用塑料袋、泡沫箱等包装运输。活鱼运输工具呈现出多样化、灵活性强等特征。

运输工具的选择直接关系到活鱼的流通成本，并影响到其销售价格。目前，现代化活鱼运输专用车包括增氧、制冷、加温、过滤等设备。我国所采用的活鱼运输车，无论是用于长距离运输还是短距离配送，均是通过对普通货车改造而成的运输车，而用于活鱼运输的专用车数量甚少。

（5）运输环境

上述提及的活鱼体态、停食暂养、鱼体麻醉、运输工具的选择，均属于运输前期的准备作业，是实现运输顺畅进行的前提保障。运输环境是活鱼运输过程中最重要的影响因素，直接决定运输时间及存活率。对有水运输而言，运输环境即水环境，主要包括水温、水质、溶氧、密度等。

虽然鱼类是变温生物，可随水温变化而变化，但是当温差 >3℃ 时，鱼体会产生应激反应，不利于运输。因此，在运输前后应始终保持水温的稳定性，避免活鱼遭遇温差产生的应激。研究表明，夏季冷斑点叉尾鮰运输的适宜水温为 10～12℃；春秋两季为 5～6℃。低温可明显降低呼吸频率和体内新陈代谢，同时减少由于震荡引起的相互碰撞。水质主要影响因素包括 pH 值、氨氮、二氧化氮、悬浮物、尿酸和尿素等，在运输过程中，无论上述任一因素超标均易导致鱼体死亡。

水体溶氧量与密度成反比，运输密度增加会降低水中溶氧量，因此，在增加运输密度时，相应增加增氧措施，以满足水中溶氧要求。传统的活鱼运输方式并未对运输环境进行有效控制，所以导致运输存活率低，尤其是长距离运输，存活率更低。在夏季运输时，为了保证水温不超过最高上限，只是简单的添加冰块进行降温，而水质、溶氧、密度等无法调控。

第二节　成鱼网箱养殖

斑点叉尾鮰喜集群活动，对网箱环境和人工配合饲料都有良好的适应能力，进行网箱养殖时生产期更短，易于捕捞，方便集中上市和分批上市，经济效益显著，所以近些年利用网箱饲养斑点叉尾鮰发展较快，我国网箱养殖的斑点叉尾鮰成鱼全部加工鱼片出口国际市场，鱼制品在国际市场具较强的竞争力。目前我国斑点叉尾鮰的产业化生产加工鱼片出口的商品鱼主要来源于网箱饲养。

一、水域选择与网箱结构

架设网箱的水域场地环境应符合国家《农产品安全质量无公害水产品产地环境要求、地表水环境质量标准》要求：要选择生态环境良好，没有或者不直接受工业“三废”及农业、城镇生活、医疗废弃物污染的水（地）域。水源充足，水质清新，进排水分开，排灌方便，交通便利，养殖用水不得有污染源，水源水质应符合《无公害食品淡水养殖用水水质、渔业水质标准》的规定。网箱架设水域交通方便、水面宽阔、避风向阳、环境安静、无污染、微流水，透明度大于 1 米，水深 7 米以上，pH 值 6.8～8.5，溶氧量在 6 毫克/升以上，常年水温必须在 0～38℃的湖泊、水库、河沟等水域，并且要求水源是非生活用水供应源。在网箱面积与水域面积比大于 1:500 的水域安置网箱。

网箱为浮动式敞口网箱，规格多样性，其面积以 20～35 平方米为宜。网箱材料一般采用双向延伸的聚乙烯无结网片制成。网箱养殖斑点叉尾鮰采用二级放养。一级鱼种箱：网目0.6～0.8厘米，规格为4米×4米×2米或5米×5米×2米，单层无结聚乙烯敞口式网箱；二级成鱼箱：网目2.5～4厘米，规格4米×4米×3米或5米×5米×3米双层聚乙烯结节封闭网箱。网箱排列为“非”字型，以封闭的铁桶、塑料桶做浮子，楠竹、角铁、钢管做支架固定，钻孔方石砖做沉子。每5～10只网箱组装成一排，用竹排铺设管理通道。网箱固定方法很多，在水面宽阔的地方用钢管或重锚固定，较窄的库湾可在两岸拉绳固定。

斑点叉尾鮰体表无鳞，在鱼种入箱前，要将新网箱放入水中浸泡7～10天，附着藻类，避免鱼体擦伤，感染疾病。

二、鱼种放养

斑点叉尾鮰网箱成鱼健康养殖，必须投放健康养殖生产培育的鱼种，要求鱼种规格整齐，尾重达20～100克，活动力强，体质健壮，无病无伤。放养时，温差不能大于±2℃，并带水运输。

生产中一般常用二级放养法，第一级从30～50克养到重150克，第二级则是从150克养至1 000克的商品鱼；也可以直接从50克的鱼种养成商品鱼。放养密度为：规格30克的鱼种每平方米放养600尾；规格50～100克的鱼种每平方米放养200～250尾；规格150～250克的鱼种每平方米放养150～160尾；规格250克以上的鱼种每平方米放养120～130尾。每个网箱的鱼种一定要保持同样的规格，个体之间的差异不超过±2克。

鱼种在进箱前，要用3%食盐+1 000万国际单位的青霉素水浸洗5～10分钟，具体浸泡时间要看当时鱼种忍受情况而定。

网箱中可适当搭配鲢、鳙、鲴类，用来控制水质、清除网衣上的附着物和充分利用网箱的水体空间。但不可搭配草鱼、鲤鱼、鲫鱼等与斑点叉尾鮰争食的鱼类。

鱼种进箱时间以水温在15℃以上时较为适宜。在此温度下，斑点叉尾鮰仍处于摄食生长阶段，恢复快，病害少、成活率高。切忌在越冬期间水温较低时运输鱼种，因为此时鱼种活动量少，进箱后处于停食状态，发生鱼病不易治疗，死亡率较高。

从一级鱼种箱转到二级成鱼箱叫分箱，分箱最好在阴天进行，操作要轻便。

三、饲料及投喂

斑点叉尾鮰成鱼网箱养殖，投喂的饲料为全人工配合膨化浮性饲料，饲料要求蛋白质含量在30%～32%，氨基酸、粗脂肪、矿物质、维生素的配比合理，营养全面，不含有国家禁止使用的原料和添加剂。投喂的饲料要确保新鲜、无霉变、无异味、颗粒适口、粉末少。

鱼种放养1～2天后才能适应新的环境，这时再开始投喂全价配合颗粒饲料。开始投喂时在网箱四周50厘米处悬挂饵料围网防止饵料漂出网箱外，使斑点叉尾鮰慢慢集中到水面摄食，逐渐训练斑点叉尾鮰浮到水面抢食。

在投饲初期需要用适度的响声将斑点叉尾鮰诱集到水面食台附近再投食。一般鱼种进箱后必须进行一周左右的驯化，驯化方法是驯化时先敲击饲料桶或盆，使之形成条件反射。每日驯化两次，在上午7:00—8:00和下午16:00—17:00，按照“慢－快－慢”的节奏和“少－多－少”的原则掌握投饲速度与投喂量。投喂量应根据水温、鱼类规格及其实际摄食情况灵活掌握，每次投喂以鱼不再集群抢食为止。

斑点叉尾鮰成鱼健康养殖，一般不宜饱食，饱食往往是发生鱼病的内因，应以八分饱法则进行投喂，结合水温的高低，确定日投喂量及投喂次数。水温10～15℃时，日投喂量为鱼体重的0.3%～0.5%，每1～2天投喂1次；

水温 15～20℃时，日投喂量为鱼体重的 0.8%～1.0%，每天投喂 1 次；水温 20～30℃时，日投喂量为鱼体重的 2.5%～3.5%，每天投喂 2～3 次；水温 30℃以上时，日投喂量为鱼体重的 1.0%～1.5%，每天投喂 1 次。每日投饲次数一般以 4～6 次为宜，日投饲量和投饲次数的安排，以下午多于上午为好。每天投喂上午占 40%，下午占 60%。立秋以后水温下降时或放养密度过稀时，往往会出现投饲时鱼群不浮到水面上争食的现象，此时应适当减少投饲量，投喂间隔时间应适当地拉长。

另外，斑点叉尾鮰喜欢在阴暗的光线下摄食，有昼伏夜出的习惯，故夏季可在网箱附近挂上黑光灯诱虫为食，利用库区昆虫资源多的优势养鱼。

四、日常管理

网箱在放养鱼种后要勤作检查，方法是将网箱的四角轻轻提起，仔细查看网衣是否有破损的地方，特别要注意的是，水面下 30 厘米左右处，极易被水老鼠咬破。水位变动剧烈时，如洪水期、枯水期，要随时调整网箱的位置。

通过定期检查鱼体，可掌握鱼类的生长情况，不仅为投饲提供了实际依据，也为投喂量估计提供了可靠的资料。一般要求一个月检查一次，分析存在的问题及时采取相应的措施。

定期对网箱中的鱼进行抽样称重，根据鱼的生长情况调整投饵量；定期分筛网箱中鱼的规格和密度，避免摄食不均造成商品鱼规格差异过大。斑点叉尾鮰体表光滑无鳞，容易造成机械损伤，在苗种进箱、分箱时应小心操作，尽量避免鱼体受伤。每次操作后，都要用对鱼体进行消毒。

网箱中的鱼群比较密集，一旦发病就极易传播蔓延。坚持无病先防、有病早治的原则，采用全箱泼洒药物和药物挂袋的方法，加强疾病的预防措施。每次分筛、转箱、抽样等操作后每升水用生石灰全箱泼洒一次；鱼种下箱前和每次进行鱼体操作后都要用食盐水或高锰酸钾浸洗；养殖期间要定期移动网箱，在发病季节来到之前，在饲料中加入中草药制成药饵，连续投喂7天，预防病害及增强鱼体的抗病能力。小瓜虫病是小瓜虫寄生鱼体皮肤及鳃组织引起的，防治小瓜虫病应在放种时用7克/米^{3}硫酸铜浸洗鱼体15～20分钟。该鱼对漂白粉比较敏感，一般不用其消毒防病。在早春季节，鱼体受伤易发水霉病可用3%～4%的食盐浸洗5分钟或浓度各为0.04%的食盐和小苏打混合溶液，在密网箱内浸洗2～4天。

常见敌害有凶猛鱼类、鸟类、水老鼠等，对这些敌害应想方设法进行驱赶或清除。

做好网箱饲养日志，为来年的生产提供参考资料。网箱饲养日志内容包括日期、天气、水温、放养、捕鱼记录、鱼体生长记录、投饲种类及数量、鱼类活动情况、鱼病情况及防治措施等项目。

五、起捕上市

斑点叉尾鮰网箱养殖的捕捞很简单，只需要收起网箱即可。

斑点叉尾鮰达到0.75千克以上可起捕上市，或作为原料鱼运至加工厂。在起捕前2～3天停食。

第六章
斑点叉尾鮰病害防控

第一节　病害基本情况介绍

一、概述

近几年，我国斑点叉尾鮰养殖业的发展速度非常快，其养殖规模和集约化程度不断提高，并逐步形成产业化发展的趋势。但是，面临的问题在养殖过程中也愈加突显，特别是比较难解决的疾病防治问题。斑点叉尾鮰受多种病原体侵袭引起的暴发性死亡时有发生，其产量和养殖效益遭到极大的影响。近年来，随着我国部分地区网箱饲养斑点叉尾鮰规模的逐渐扩大，各种传染病发生与危害也呈现上升的趋势。四川、湖北、湖南、广西等地经常爆发大规模死亡事件，发病时间短、死亡率高，损失巨大。

国外对斑点叉尾鮰疾病的研究较早，由于水体环境的特殊性，斑点叉尾鮰养殖病害常有明显的流行病学特征：斑点叉尾鮰各种病害绝大多数由各种病原生物引起，而病原的繁殖和传播多与养殖水温有关，因而常有明显的季节性；由不同病原菌引起的疾病大多具有感染迅速、发病范围广、死亡率高等特点；传染性疾病以横向扩散传播为主；在水温较高的夏秋季节，常见两种或多种致病微生物协同感染而造成斑点叉尾鮰疾病大面积爆发，造成的经济损失尤为严重；密度过高、饵料和水体污染常成为疾病流行的主要原因；环境条件变化，引起应激反应，导致斑点叉尾鮰体质下降也是其发病的重要原因。

斑点叉尾鮰病害的病原微生物种类繁多，目前已经报道的既有细菌和病毒，又有寄生虫和其他生物性病原如真菌等。其中，养殖斑点叉尾鮰过程中由细菌性传染病造成的疾病损失达到50%以上，此疾病的暴发具有突然性、快速流行、面积广、高死亡率等特征。近几年，主要危害病原菌包括鮰爱德华氏菌、迟钝爱德华氏菌、气单胞菌、假单胞菌和柱状屈烧杆菌五种，此五类细菌引发斑点叉尾鮰暴发性细菌性疾病，在水质恶化或环境突变、鱼体免疫力低下时会快速导致流行性疾病的发生。病毒性疾病为斑点叉尾鮰病毒和斑点叉尾鮰呼肠弧病毒，20世纪60年代，美国养殖的斑点叉尾鮰在苗种阶段暴发严重病毒病，死亡率高达90%以上，最近国内陆续爆发斑点叉尾鮰病毒性疾病，给斑点叉尾鮰养殖业造成了严重的危害。

二、疾病

1. 细菌

长期以来，人们对鱼类致病菌的致病性研究一直停留在用分离菌进行各种感染方式导致发病来判断其致病力的阶段，而对疾病的发生、发展等感染过程缺乏了解。综合国内外疾病爆发情况，多种水产动物的常见病原菌可以引起斑点叉尾鮰细菌性疾病的爆发，其中在北美地区以鮰爱德华氏菌所引起的斑点叉尾鮰肠道败血症危害最大，在我国，鮰爱德华氏菌和嗜水气单胞菌共同成为报道较多的斑点叉尾鮰重要致病性病原菌。除此之外，其他病原微生物如柱状黄杆菌、嗜麦芽寡养单胞菌、海豚链球菌等引起的斑点叉尾鮰爆发性细菌病在国内外均时有发生。

在国外，曾经出现过柱状黄杆菌大面积引起斑点叉尾鮰烂鳃、皮肤溃烂等症状甚至致病死亡。我国西南地区，鮰爱德华氏菌鱼也给斑点叉尾鮰养殖业造成巨大危害；四川地区则出现了斑点叉尾鮰传染性套肠症；广西斑点叉尾鮰网箱养殖的高致病性病原菌则由海豚链球菌引起。

2. 病毒

斑点叉尾鮰病毒性病原微生物已报道的有斑点叉尾鮰病毒和斑点叉尾鮰呼肠弧病毒，其中以斑点叉尾鮰病毒所引起的斑点叉尾鮰病毒病危害最为严重。

斑点叉尾鮰病毒病是一种严重的、急性致死性传染病，最先报道于美国，目前主要在北美地区流行，其传播速度快，死亡率高（超过 90%），若大规模爆发将给斑点叉鮰养殖带来严重的经济损失。斑点叉尾鮰病毒病的病原是鮰鱼疱疹病毒 I 型。国内外对斑点叉尾鮰病毒的研究，很长一段时间以来，大多集中在对其有效诊断和检测方面。由于该病毒具有很强的宿主特异性，只能在鮰科及胡子鲇科鱼的细胞上增殖，发病时患病鱼呈水肿、眼突出、鳍条和肌肉出血，最显著的组织病理变化是肾管和肾间组织的广泛坏死，以此可作初步诊断的依据。

3. 寄生虫及其他生物性病原

斑点叉尾鮰寄生虫病主要以小瓜虫病、黏孢子虫、车轮虫病较为常见。小瓜虫病和孢子虫病死亡率高达 30% ~40%，个别达 90%；车轮虫病等以前的发病期多为 6—9 月，近两年的 2—3 月也有所发生。其他诸如聚缩虫、斜管虫等在斑点叉尾鮰体外寄生的病例也曾见诸报端，但因此而造成严重危害的事例尚未见有所报道，如感染聚缩虫病仅见于网箱养殖，这可能与网箱中鱼体受伤、鱼密度大、水体环境不易调控有关；斜管虫则仅发现和细菌并发感染而引起鮰肠套叠。

其他生物性病原如真菌中的水霉或绵霉在水温较低的冬天和早春，大量寄生于体表受伤的鮰体表，引起肌肉腐烂，食欲减退，并最终导致死亡；水霉菌亦常在鮰鱼卵上大量繁殖寄生并引起鮰卵霉变，对斑点叉尾鮰繁育形成较大危害。

三、斑点叉尾鮰疾病的防治

斑点叉尾鮰苗期到成鱼的养殖过程中细菌病的发生率很高，水产动物生病后往往不如陆生动物生病时那样容易被发现，一般在发现时已有部分死亡。因为它们栖息于水中，所以给药的方法也不如治疗陆生动物那么容易，剂量很难准确掌握，并且在发现疾病后即便能够治愈，也耗费了药品和人工，影响了动物的生长和繁殖，在经济上已造成了损失。治病药物多数具有一定的毒性：一方面或多或少的直接影响养殖动物的生理和生活，使动物呈现消化不良、食欲减退、生长发育迟缓、游泳反常等，甚至有急性中毒现象。另一方面可能杀灭鱼体肠道中的有益微生物，从而破坏了鱼体内的微生态环境，甚至有些药物在养殖动物体内有残留，危害食品安全。因此，对斑点叉尾鮰常见病害防治应采取“以防为主、防重于治”的原则，尤其在高密度养殖中更为重要，应做好预防工作，对细菌性疾病的治疗应该着眼于提高病鱼的非特异性免疫性免疫力。在养殖斑点叉尾鮰的过程中，保持优良水质，最适营养和限制养殖密度过高的应激反应十分重要。

1. 抗生素药物防治

传统上对于疾病的治疗就是使用大量的抗菌药物，在选择抗生素类药物作为水产动物疾病的药物时首先要了解这种药物的作用原理，其次应该弄清楚药物对该病原菌的抑杀作用，还需要研究该种药物在斑点叉尾鮰中的药代动力学及残留消除规律，这些问题对于确定药物的给予剂量和给药方法都非常重要。目前，我国斑点叉尾鮰养殖业控制病原菌的手段也仅局限于使用抗菌药物。

土霉素、氨苄青霉素、哇诺酮和磺胺类药物等都是比较有效和常用的药物。其中，土霉素是美国食品药物管理局已注册的，可用于养殖食用斑点叉尾鮰等鱼类唯一抗生素，它只能掺入鱼类饲料中治疗细菌性疾病。但是，细菌对土霉素的抗性也是一大问题，如果斑点叉尾鮰是在大水体内养殖，整个养殖水体流通交换，直接导致了病原细菌对多种药物都产生耐药性。盐酸土霉素、氨苄青霉素、硫酸新霉素中的任意一种药物内服，结合适当的外用药物，效果都非常明显，一般 3 天就可以将死亡率控制下来。到了 2012 年，多种抗生素已经对病害的控制无能为力，用以前没有使用过的药物，但是效果还是非常差。细菌培养和药物敏感性测定的结果表明：细菌还是那个细菌，但是不同的水体分离出来的细菌耐药性不同，抗药性也提高了好多倍。就我国国内来看，越来越多的斑点叉尾鮰病原菌也对不同的抗生素表现出了相应的耐药性。因此，在抗生素的使用上要避免滥用和多用，使用时有针对性的选择药物和掌握合适的使用剂量。目前，国内在斑点叉尾鮰的疾病防治上尚未形成规范的用药标准，斑点叉尾鮰一旦得病就胡乱给药，而大量的药物特别是重金属盐类除了对动物机体产生影响外，还对环境产生污染，往往会出现给药后病情不能好转，还给环境造成污染。

2. 疫苗的使用

目前，抗菌疫苗应该是疾病控制得较好途径。由于我国的斑点叉尾鮰养殖业起步较晚，商业化的疫苗在国内还没有出现，因此病害的防治主要依赖于抗生素。抗生素的使用容易导致化学物质残留，增强细菌抗药性，威胁环境的安全，免疫预防在病害监控中处于举足轻重的地位。美国饲养斑点叉尾鮰已有几十年的历史，并对斑点叉尾鮰肠道败血症进行了较为深入的研究。美国对用疫苗浸泡免疫的技术来预防 ESC 进行了长期研究和大量的工作，取得了良好的效果。

国内尚未有预防斑点叉尾鮰肠道败血症疫苗的商业化生产，曾有人报道用超声波破碎菌体菌苗或福尔马林灭活菌苗获得免疫力，凝集抗体可持续 120 天。对于由嗜水气单胞菌引起的水产动物疾病，我国已经成功地研制出灭活细菌菌苗，可以采用注射或者浸泡的方式接种菌苗，达到预防的目的。

3. 微生态制剂的使用

微生态制剂真正被重视并应用于养殖业是从 20 世纪 60 年代和 70 年代人类发现了抗生素的种种弊端之后才开始的。目前，国内外关于益生菌的研究，大部分都集中在畜禽业方面，有相当多的资料文献对畜禽的益生菌作了深入的报告。我国对动物益生菌的研究开始于 20 世纪 70 年代，1992 年我国成立中国畜牧兽医学会动物微生态分会，并把动物益生菌制品及其应用技术研究列入国家“八五”重点科技公关课题，推动了益生菌制品的应用研究工作。而与畜禽业相比，水产动物益生菌的研究就少得多，无论是从数量还是在研究层次上都与畜禽业方面有较大的差距，水产动物益生菌的研究尚处于起步阶段。

水产动物与陆生动物生活环境的巨大差异造成了它们益生菌的较大差异。大多数水产动物的幼苗孵化后便直接暴露于水环境中，立即与水环境中的微生物发生关系，并且在它们的成长过程中，消化管与外界的直接相通，与外环境中的水和外界微生物群频繁接触，使得内环境并不稳定。因此，水生动物消化道内菌群的更替和定植，与陆生动物很不相同。在陆生动物的消化道中，往往革兰氏阳性菌占优势，而在鱼类、贝类消化道中，往往能发现大量的革兰氏阴性菌。因此，与陆生动物相比，水生动物益生菌群在组成变化甚至选择难度上都有着自身的特点，这也是水生动物益生菌研究滞后于陆生动物益生菌研究的重要原因。

微生态制剂在水产养殖实验中的实际效果的研究报告大致为：①可抵抗病害，提高动物在遭受病害侵袭时的存活率；②提供营养，促进生长；③提高饲料转化率。

由于动物肠道菌群自身及与宿主、环境的关系错综复杂，目前对于微生态环境的控制与物质代谢的机制研究不深入，既加强相关基础的研究，研究新的加工工艺等一系列问题，有利于微生态制剂更科学有效地应用于生产实践。

4. 中草药防治

中草药是我国传统兽医药学的宝贵遗产，长期以来为防治养殖动物疾病做出了不可磨灭的贡献，应用中草药防治水生动物疾病也有着悠久的历史。中草药具有天然、高效、毒副作用小、抗药性不显著、资源丰富以及性能多样化等优点。在防治鱼病中，中草药不但可以解决使用化学药物造成的耐药性和药物残留超标问题，而且符合发展无公害水产养殖业，生产绿色水产品的疾病防治原则。更为重要的是，在我国加入 WTO、兽药实施 GMP 管理后，国内外的药物，尤其是食用性动物药品正向低毒、无残留、高效药物方向转变，这正是中草药所具备的优势。所以说，在水产养殖业上大力开发应用中草药具有十分广阔的前景。中草药的作用机理是药材中所含有的“性能成分”和“机体的可选择性吸收”两方面协调结合而发挥其特有的药理作用。中草药的有效成分极其复杂，动物试验和人体免疫功能的机理研究显示，中草药的主要成分有蛋白质、氨基酸、维生素、油脂、树脂、糖类、植物色素、常量元素和微量元素等多种起营养作用的物质。此外，还含有大量的有机酸、生物碱、多糖、挥发油、蜡、甙、鞣质等物质及一些未知的促生长活性物质。传统中医理论为基础，以其营养作用、增强免疫作用、激素样作用、维生素样作用、抗应激作用、抗微生物作用、双向调节作用、复合作用等为机理，在水产动物的疾病防治中有着重要的意义。

使用抗菌中草药制剂来控制斑点叉尾鮰的疾病，也是一个比较理想的手段。中草药是天然绿色植物，是我国特有的中医理论和实践的产物，是一类兼有营养和药用双重作用，具有直接杀灭或抑制细菌和增强免疫能力的功能，且能促进营养物资消化吸收的无残留、无耐药性的天然药物。在鱼病防治过程中，提倡运用中西药物联合使用，西药易于产生耐药性，毒副作用较大；中药药源广、效益明显、毒副作用小，两者联合使用，互为取长补短，达到优势互补的目的。总之，在保证斑点叉尾鮰养殖业的健康、快速发展的同时，安全、便捷、对环境无污染的疾病控制手段将越来越得到人们的重视。

第二节　典型疾病及防治方法

一、斑点叉尾鮰传染性套肠症

近年来，在我国发生的一种斑点叉尾鮰的新型细菌性传染病，危害很大，已经连续几年造成了大批的斑点叉尾鮰发病死亡，严重地威胁着斑点叉尾鮰养殖的健康发展。目前初步认为，该病是由嗜麦芽寡养单胞菌引起的斑点叉尾鮰的急性致死性传染病，以发生严重的肠炎、肠套叠和脱肛为特征，在短时间内即可引起大批的斑点叉尾鮰死亡。我们称此病为：斑点叉尾鮰传染性套肠症（见彩图 11)，由于该病发病突然，来势凶猛，传染快，呈流行性，发病率和死亡率均高等特点，故初期又称其为斑点叉尾鮰急性流行性传染病。

该病的致病病原和病理变化特征，在水生动物疾病中是罕见的。

在四川，该病最早发现于2004年3月下旬，首先在成都市郊的龙泉湖网箱养殖的斑点叉尾鮰发生了一种前所未见的新型暴发性传染病，该病来势凶猛，具有发病突然，传染快、死亡率高等特点，在出现症状后的1~2天即发生大规模死亡。其病状与以前发生过的疾病完全不一样，很难控制，没有现成的有效防治措施可用，用了各种消毒剂和许多抗菌抗病毒药均不见效，死亡率一般在90%以上，有的网箱几乎达100%死亡率，许多养殖户面临破产。经过专家仔细的病理剖解和观察发现了一种在鱼类非常罕见的特征性病理变化即“肠套叠”，而且这种肠套叠的出现率很高，可达60%~95%，病鱼一旦出现肠套叠后即不吃食，并很快发生死亡。2006年3月起，该病更是在全国的许多斑点叉尾鮰养殖区普遍发生，有的省市甚至泛滥成灾，该病流行导致斑点叉尾鮰死亡惨重，发病后2~5天就发生成片大批的死亡，有的甚至整个湖网箱养殖的斑点叉尾鮰全部死绝，造成毁灭性的打击。

1. 病原

嗜麦芽寡养单胞菌。

2. 流行情况

该病在自然情况下主要感染斑点叉尾鮰，鱼苗、鱼种和成鱼均可感染，其他鮰科鱼类也可感染，但在相同养殖条件下的有鳞鱼未见感染（如鲤鱼、鲫鱼、草鱼、鲢、鳙鱼、鲈鱼和武昌鱼等）。发病季节主要在春夏，3—9月是其发病的时期，但以3—5月高发，一般是每年的3月下旬或4月初开始发病，发病水温多在16℃以上，并随水温的升高病程缩短。发病急，死亡快，病程短，一般病程在2~5天，发病率在90%以上，死亡率90%以上，严重的达100%。死亡率80%~90%，但首次发生的疫区往往为100%。人工感染试验的斑点叉尾鮰在接种感染后 8 小时即出现症状，12 小时后开始发生死亡，在接种后 36 小时内死亡率达 100%。

3. 症状

主要表现为体表（特别是腹部和下颌）充血、出血和褪色斑，腹部膨大，腹腔内充有淡黄色或带血的腹水，胃肠道黏膜充血、出血，肠道肠发生套叠，甚至肠脱，肠腔内充满淡黄色或含血的黏液。自然发病初期病鱼表现为游动缓慢，靠边或离群独游，食欲减退或丧失，并很快发展为各鳍条边缘发白，鳍条基部，下颌及腹部充血，出血。随病程的发展病鱼腹部膨大，体表出现大小不等的，色素减退的圆形或椭圆形的褪色斑，大的退色斑块直径 3 厘米，以后在退色斑的基础上发生溃疡。小的溃疡灶直径 0.3～0.5 毫米，大的溃疡灶直径达 3 厘米，并很快着生水霉；部分鱼垂死时出现头向上，尾向下，垂直悬挂于水体中的特殊姿势，最后病鱼沉入水底死亡，当提拉网箱检查时才发现箱底沉有大量的死鱼。发病率 90% 左右，死亡率 80% 以上。病死鱼的剖解变化主要表现为腹部膨大、肛门红肿、外突，有的鱼甚至出现脱肛现象，后肠段的一部分脱出到肛门外。剖开体腔发现，腹腔内充满大量清亮或淡黄色或含血的腹水，胃肠道内没有食物，胃底部和幽门部黏膜充血、出血；肠道充血、出血、肠壁变薄，肠腔内充有大量含血的黏液，肠道发生痉挛或异常蠕动，常于后肠出现 1～2 个肠套叠，套叠的长度为 0.5～2.5 厘米；发生套叠和脱肛的肠道明显充血、出血和坏死，部分鱼还见前肠回缩进入胃内的现象。同时发现，肝肿大、颜色变淡发白或呈土黄色，部分鱼可见出血斑，质地变脆，胆囊扩张，胆汁充盈；脾、肾肿大，淤血，呈紫黑色；鳃丝肿胀发白，黏附多量黏液；部分病鱼可见鳔和脂肪充血和出血。

4. 防治措施

由于该病具有发病突然、传染快、流行广、死亡率高等特点，一旦发病就很难控制，因此对该病的防治应根据发病特点及病原的特性，有针对性地采取防控措施。可采取环境改良，培育健壮无病的优良斑点叉尾鮰苗种，加强检疫和对本病的监测；筛选高效的无公害防治药物（包括外用消毒剂和内服的中药、西药），进行综合防治，尤其要突出预防工作的重要性。平时要加强饲养管理，尤其是水质、气候突变的时候要注意防病，尽量减少低溶氧和恶劣的水环境等应激因子的刺激。由于本病在开春后，一般是每年的 3 月下旬或 4 月初开始发病，发病水温多在 16℃以上，因此要及早预防，在饲料中添加病原菌敏感的药物投喂，预防该病的发生。当发生该病时，应尽早诊断，尽早治疗。

二、斑点叉尾鮰肠道败血症（ESC）

由鮰爱德华氏菌引起的斑点叉尾鮰肠道败血症，于 1976 年在美国亚拉巴马州和佐治亚州的河鮰鱼中首次发现，继之斑点叉尾鮰肠道败血症成了美国南部鮰鱼养殖业危害最大的传染病，世界卫生组织已将其列为重要的鱼病，同时将该病列为进出口法定检测项目。近年来，由于水体环境的恶化和养殖密度的增加，造成斑点叉尾鮰养殖病害泛滥，伴随而来的药物滥用，导致药物残留，养殖生态环境恶化，鱼产品质量下降，出口受阻，已严重影响我国斑点叉尾鮰养殖业可持续健康发展。近年来，斑点叉尾鮰养殖中该病为发生频率最高、造成的经济损失最大的传染性疾病之一，该病的主要特征有：从鱼苗到成鱼均可大面积爆发；流行时间跨度大，每年 3—12 月均可发病。

1. 病原

此病的病原体是鮰鱼爱德华氏菌，首次由日本学者于 1959 年分离得到，其最适生长温度为 25 ~ 30℃。鮰鱼爱德华氏菌体能抵抗补体介导的溶菌作用，菌体可在吞噬细胞中增殖，通过鱼体吞噬细胞的吞噬作用将菌体传递到全身。所有分离到的鮰鱼爱德华氏菌株都有降解硫酸软骨素的能力，这是重要的致病因素。

2. 流行情况

斑点叉尾鮰肠道败血症是美国鮰鱼养殖业危害最大的传染病之一，2002—2003年两年内，斑点叉尾鮰苗种约53%死于肠道败血症。在我国也发现斑点叉尾鮰患斑点叉尾鮰肠道败血症，死亡率高达30%～50%，有的养殖场或养殖网箱死亡率高达95%～100%，经济损失巨大。斑点叉尾鮰肠道败血症流行病有高度的季节性，一般在春秋季，水温22～28℃适宜于该菌生长繁殖，引起斑点叉尾大量死亡。斑点叉尾鮰肠道败血症可以影响所有规格的斑点叉尾鮰。斑点叉尾鮰肠道败血症慢性型带病鱼体经粪便散播的细菌，也能引起鮰鱼肠道败血症的暴发。养殖环境恶化、水温剧烈变化、不规范生产操作也可导致该病发生。

3. 症状

斑点叉尾鮰感染鮰鱼爱德华氏菌后的临床症状，可分为急性型和慢性型。急性型发病急、死亡率高，病鱼离群独游、反应迟钝、摄食减少。典型的症状为病鱼头朝上尾朝下，悬垂在水中，有时呈痉挛式的旋转游动，继而发生死亡。病原菌经消化道感染后侵入血液，随血液循环转移到内脏器官，引起各组织器官的充血、出血、炎症、变性坏死和溃疡。观察发现，病鱼全身出血斑点或淡白色斑点，死亡鱼腹部膨大，腹腔有多量含血的或清亮的液体；肝水肿，有出血点和灰白色的坏死斑点；脾、肾肿大、出血，胃膨大，肠道充血发炎。慢性型发病的病程长，病原体经神经系统感染。最初病原菌通过鼻腔侵入嗅觉器官，再经嗅觉器官移行到脑，继之缓慢发展到脑组织形成肉芽肿性炎症，病鱼不规则游动，如旋转游动和在水面蹿跳等，在后期可见典型的头穿孔症状。

4. 防治方法

在饲料中添加抗生素对斑点叉尾鮰肠道败血症有较好疗效。美国食品药品管理局已经批准两种抗生素可在鮰鱼斑点叉尾鮰肠道败血症防治中使用，一种是氧四环素类药物，另一种是罗米特磺胺类药物。氧四环素类药物在沉性饲料中添加，投喂10天，休药期为21天。罗米特在浮性饲料中添加，投喂5天，休药期为3天。此外，改善养殖环境、保持水温稳定、避免剧烈操作、投喂优质饲料等可预防斑点叉尾鮰肠道败血症发生。

在饲料中添加维生素C可以增强鮰鱼对斑点叉尾鮰肠道败血症的抵抗力。在斑点叉尾鮰肠道败血症发病温度的窗口期（22～28℃）尽量避免用硫酸铜去抑制藻类和寄生虫，因为硫酸铜可能导致鱼体内的免疫抑制作用，降低鱼体对病原菌感染的抵抗力。在发病期间，全池泼洒稳定性二氧化氯（0.3毫克/升）或强氯精（0.4毫克/升）或漂白粉（1.0毫克/升）有一定治疗效果。通过口服或浸泡途径用针对斑点叉尾鮰肠道败血症的商品疫苗免疫鮰鱼，免疫保护力达到50%～100%。

三、斑点叉尾鮰柱形病

柱状黄杆菌属于黄杆菌目、黄杆菌科、黄杆菌属，是一种严格需氧的革兰氏阴性菌，菌体呈细长弯曲状，具有滑动能力和团聚性，在世界范围内的水体环境和土壤中均有分布，其宿主范围极其广泛，可以感染包括鲑科、鲤科、鲶科、鲻科、太阳鱼科、鲈科等多个科的鱼类，几乎所有的淡水鱼类均对该菌敏感，而自然和养殖条件下的海水鱼类以及观赏鱼类也可感染发病。

柱状黄杆菌是一种世界范围的水生动物致病菌，是我国重要养殖鱼类草鱼、鳜等烂鳃病的病原，也是其他重要经济鱼类如斑点叉尾鮰、鲑鱼和鲤鱼等柱形病的病原。全球每年由于感染柱状黄杆菌引起鱼类发病死亡所造成的经济损失极其严重。柱形菌病是斑点叉尾鮰养殖中第二常见的细菌病，在一年中较温暖的月份均会发生，特别在晚春和初秋，其暴发与很多应激因素有关，如高温、密度过大、机械损伤、水质恶化等。当池水水质恶化，有机物和钙含量过多时，水体中的细菌数量增加，就可能引发该病。所有淡水鱼几乎都能感染柱形菌病。柱状屈桡杆菌的不同株系可感染不同的温水性鱼类和冷水性鱼类，并且致病力不同。

1. 病原

柱形病的病原最初被定名为柱形杆菌，后又变更为柱状屈桡杆菌，柱状嗜纤维菌，直到最近才比较统一地称之为柱状黄杆菌（见彩图 12）。

2. 流行情况

柱形病也称为柱状屈桡杆菌病，是斑点叉尾鮰常见的细菌病之一。患柱形病的鱼通常伴有严钟的烂鳃，有人也称之为鮰鱼烂鳃病。该病一年四季均可发生，春末秋初为多发季节，水温 25～32℃时最常见。养殖环境水质恶化、有机物含量过多、水体中细菌数量增加等因素可诱发该病。各年龄组和规格的斑点叉尾鮰都能被病原菌感染而发生柱形病，该病发病急，传播快，流行范围广，发病 1～2 天内即出现大批死亡。这种病的发生常与鱼体应激状态有关，如水温过高、放养密度过大、投喂不洁饲料、鱼体机械损伤、养殖环境恶化、低溶氧、高氨氮等，尤其在网箱养殖和封闭的循环水养殖系统中，该病极易发生。

3. 症状

患柱形病的斑点叉尾鮰体色发黑，常集群在水面缓慢游动，体表以及鳍条呈现褐色或黄褐色病灶，体表病灶部位失去正常颜色，在中心部位出现溃疡，逐渐扩大变成浅灰溃烂斑块。当病情加重时，皮肤病灶部位严重溃烂，露出肌肉组织，病鱼可因败血症而死亡。真菌常作为继发性病原侵入病鱼体表病变部位，从而致使病情加剧。柱状黄杆菌引起的鮰柱形病通常伴有严重的烂鳃症状，鳃丝发炎并延伸至基部。

4. 防治方法

加强养殖管理，规范操作程序，尽可能减少鱼体的应激反应，可有效预防鮰鱼柱形病。在消毒水体时，高锰酸钾全池泼洒（2 毫克/升）能较好地杀灭柱形黄杆菌。在发病时使用 0.2～0.3 毫克/升的稳定性二氧化氯全池泼洒有一定治疗效果。土霉素内服对早期治疗鮰鱼柱形病效果也比较明显，在饲料中的添加量为每千克鱼体 50～80 毫克，连续投喂 10 天为一个疗程。磺胺类药物罗米特在饲料中添加对于治疗鱼柱形病也有一定效果。减毒灭活疫苗，表现出较好的预防鮰鱼柱形病的效果。

四、出血性败血症（又称出血性腐败病）

1. 病原

嗜水气单胞菌。

2. 流行情况

疾病暴发的原因是多方面的，水中的嗜水气单胞菌超过一定的质量分数，环境突变和鱼的体质下降等均能引发该病。此病多发于春季和初夏，水温在 20～30℃时。该病是我国养鱼史上危害鱼的种类最多，危害鱼的年龄范围最大，流行地区最广，流行季节最长，危害养鱼水域类别最多，造成的损失最严重的传染病之一。该病有急性和慢性死亡两种类型，急性型来势猛，呈暴发性，有明显的死亡高峰期，死亡率较高；慢性型则死亡缓慢，无死亡高峰期，日死亡率不大，但死亡有时持续一个月左右，导致累计死亡率较大。

3. 症状

病鱼多聚集在塘边浅水区，呆滞抽搐，呈环状游动，停止摄食，不怕声响。急性死亡的鱼，其症状为整个头部严重充血，各鳍基部充血明显，体表灰白，有圆形稀疏溃疡（皮肤、肌肉坏死），眼球突出。肾脏变软、肿大，肝脏灰白，带有小的出血点。慢性死亡的鱼，其症状有两种，一种为病鱼两眼球周围充血明显，各鳍基部严重充血，头顶部呈现一块明显的白斑；另一种为病鱼腹部膨胀，后肠及肛门常有出血症状，肠内无食物，而充满带血的或淡红色的黏液。该病主要危害斑点叉尾鮰成鱼，鱼种也可发生此病。

4. 防治方法

根据症状、流行病学和病理变化，可对该病作出初步诊断。发现病鱼腹水和内脏检出嗜水气单胞菌时即可确诊。该病应在做好预防工作的基础上，采取药物外用和内服结合治疗的方法。定期用生石灰水或氯制剂交替进行水体消毒，4—10 月每半月一次，10 月以后每月一次，可预防该病。对已经发病的鱼，按 15 ~ 30 毫克/千克鱼体重的用药量，将美满霉素拌在饲料中，连续投喂 5 ~ 7 天。在制作饲料时，添加适量的维生素 C 可以增强疗效，用量为 150 ~ 300 毫克/千克饲料，然后用 3 毫克/升高锰酸钾全池泼洒一次。

对于由嗜水气单胞菌引起的水产动物疾病，我国已经成功地研制出灭活细菌菌苗，可以采用注射或者浸泡的方式，来接种菌苗达到预防疾病的目的。

五、烂尾病

1. 病原

病原体为嗜纤维菌和嗜水气单胞菌。

2. 流行情况

通常是在池塘淤泥过多、水质不好、施用没有充分发酵的粪肥，或在捕捞、运输等过程中，操作不慎引起鱼体受伤等诱因存在时才会感染发病。此病与国外资料上介绍的柱形病相似。

主要发生在100克以下6.0～15.0厘米的鱼种饲养阶段。发病季节一般在每年春秋季和初冬（南方），一般水温20～25℃时容易发病。

3. 症状

发病早期，病鱼游动缓慢，摄食减少，常游于岸边，尾柄部皮肤变白，失去黏液，肌肉红肿，继而尾鳍分支，尾柄肌肉溃烂脱落，尾部骨骼外露，可发生死亡。随着溃烂面的扩大，还可继发大量水霉。剖解可见肝脏、肾脏肿大，肠道无食物或只有少许食物，肠道壁充血，心脏水肿，部分鳃丝溃烂（见彩图13）。

4. 防治方法

根据烂尾症状可以进行诊断。在饲养过程中，要注意保持池塘水质良好，仔细操作，勿使鱼体受伤，定期对水体进行预防消毒。治疗该病应注意做到内外兼治，发病初期可用0.2～0.3毫克/升的强氯精全池泼洒，隔天再泼洒一次。同时，内服复方新诺明等抗菌药物（每千克饲料添加1～2克，连续投喂5～7天）。

六、鲁氏耶尔森氏菌

1. 病原

鲁氏耶尔森氏菌（见彩图14）。

2. 流行情况

2008年3月中旬至4月底，四川简阳三岔湖某网箱养殖户的20箱（4 000尾/箱斑点叉尾鮰中的8箱出现死亡），与此同时，另一水域其他养殖户的斑点叉尾鮰也相继发病死亡，死亡率高达85%。发病水温在13～20℃，发病个体在150～500克。

3. 症状

发病初期病鱼精神萎靡，游动缓慢，表现为逼近水面离群独游或贴箱呆滞不动，严重者身体游动失去平衡，侧游或腹部向上漂浮在水中，食欲渐减至绝食。一般在出现症状后2天即开始死亡，多数在一周内死亡拉起网箱底部有大量死色。死亡率一般50%左右，最高达85%，本病的症状是在发病的斑点叉尾鮰体表出现大量清晰的出血点，绝大多数病鱼头部、下颌、腹壁、体侧有大量针尖状出血点，尤以眼眶周围、下颌和腹部明显，鳍条基部或整个鳍条充血、出血，肛门红肿外突。少数病鱼发病急、死亡快，从发病至死亡体表无明显症状。解剖观察发现发病鱼的内脏器官有不同程度的出血，腹内膜斑状出血，肝脏出血肿大、质脆，脾脏严重出血呈紫黑色，胃内充满大量浓稠白色的黏液，鳔内外膜严重充血、出血，鳃内外膜斑状出血，肠道、脂肪、性腺均有不同程度的出血。

4. 防治方法

本病是一种全身性感染性疾病，因此在本病的防治上，应内外同治，即内服敏感的抗菌药和外用消毒药消毒鱼体和水体。选用碘制剂或二氧化氯等刺激性较小的消毒剂进行水体消毒：内服抗生素氟苯尼考每千克体重 10 ~ 30 毫克氟哌酸或强力霉素每千克体重 30 ~ 50 毫克；并在饲料中添加一些维生素，如维生素 C 每千克饲料 1 克、维生素 K 每千克饲料 200 毫克，拌料投喂，每天 2 次，连用 5 天为一个疗程。一般情况下，用药 3 天后病情开始减轻，死亡逐步减少。如果一个疗程后本病未完全控制，可另选一种敏感药继续一个疗程。四川三岔湖发病渔场，采用以上方法取得了明显的效果，一般一个疗程后病情基本得到控制，再换另一种敏感药物巩固疗效，则能较好地治愈该病。

鲁氏耶尔森氏菌引起斑点叉尾鮰发病的温度为 13 ~ 20℃。因此，在斑点叉尾鮰养殖过程中，尤其在低水温季节，要做好预防工作，对水体进行消毒和投喂角类免疫增强剂。同时应加强饲养管理，截断病原传播途径。

七、斑点叉尾鮰病毒

该病毒对斑点叉尾鮰具有高度的寄主特异性，但是敏感性在不同的情况下不同。在早期研究中，不同鱼种成活率的差异达到 60%。随着鱼的大小、水温和感染鱼的病毒量的不同，总的死亡率和发病的进程不同，而细菌的协同感染可以影响死亡率。鱼苗和鱼种的该病爆发通常出现在它们的第一个夏天（6—9 月），水温在 25℃以上。鱼越小，死亡率越高。当水温超过 30℃时，死亡率增加。在池塘养殖条件下，当水温在 25 ~ 30℃时，鱼感染病毒2 ~ 3 天就可以看到明显的症状，在 1 周内死亡率可以达到 100%。当水温在 20℃时，直到 10 天以后才可以看到明显的症状，并且死亡率也相对的要低些。在不同的养殖场，每年该病的爆发情况不一致，但是一旦爆发，损失是很大的。管理以及环境应激和死亡率有直接的关系。

当水温在25℃时，病毒在池水中只能存活2天，在4℃时，存活时间达到28天。一旦接触到池塘底泥，病毒马上被灭活。因为底泥对病毒有吸附力。病毒在无氯水中存活时间相当长，所以正确的消毒是必要的。该病毒对紫外线辐射和干燥十分敏感，紫外线强的时候和干燥的时候该病毒不容易存活。

1. 病原

斑点叉尾鮰病毒是α－疱疹病毒科的成员，1968年首次分离，根据形态学特征被鉴别为疱疹病毒。病毒有囊膜，对乙醚、氯仿、酸、热敏感，在甘油中失去感染力。在25℃的池水中病毒能生存2天，在池底淤泥中会迅速失活（见彩图15）。

2. 流行情况

斑点叉尾鮰病毒病只在鱼苗和1龄鱼种中出现。该病20世纪60年代在美国最先发现其流行。在我国大多数养殖斑点叉尾鮰的地区都曾受到过这种疾病的危害。当饲养水温在25～30℃时呈疾病流行高峰，病程比较短，一般为3～7天，死亡率可达90%以上。在水温20～25℃时发病与死亡率均趋于下降，有研究发现，当饲养水温为19℃时，由此病导致斑点叉尾鮰的死亡率最高可以达到14%，而当水温在15℃以下时，病鱼的症状就不明显，也无死亡现象发生。该病毒主要通过鱼体接触和疫水而发生水平传播，带毒成鱼是其传染源；同时，现在的研究结果已经证明这种病毒还可以经受精卵而发生垂直传播。

3. 症状

染病的第一个信号是摄食活动的减弱，鱼不规则地游动，时常无目的地打转转。期间有一个短暂的激烈活动，然后是长时间的无生气。最后，大量的鱼聚集在孵化池和池塘的边缘，并且头朝上，尾朝下悬挂着，沉入水底衰竭而亡。患这种疾病的病鱼皮肤及鳍条基部出血，腹部膨大，腹水增多，呈现淡黄色；鳃丝苍白或出血，一侧或两侧眼球突出；解剖检查，肌肉、肝、肾、脾等组织有出血区，脾脏往往呈浅红色、肿大，胃膨大，有黏液分泌物，肠灰白色等病理状态。在鳍的基部、腹部、肌肉组织有许多小的出血点，鳃苍白暗淡，有时有轻微的出血。在病鱼的体腔可以发现黄色和淡血色的液体，消化道无食物却充满黄色的液体；肝和肾苍白并且有少量的出血，脾通常是黑色并且有扩大的现象。使用显微镜检测时，病毒引起的损伤主要在肾脏，肾的分泌和造血部位可以看见出血和死的组织。在腹腔和别的部位，液体的积累主要由肾衰引起；同时，造血组织的破坏和出血导致鳃部、肝和肾的表面苍白。脾、肝、肠道、胰腺和脑的损伤要小，炎症细胞侵入到受疾病侵袭的区域，试图清除被损伤和感染的组织。

4. 防治方法

对养殖鱼类的斑点叉尾鮰病毒和其他病毒性疾病还没有有效的治疗手段，一个正确的诊断是必要的。然而，病毒病的症状和细菌性疾病的症状是相似的。这样生产者可能作出不适当和无效的治疗。此外，一些化学治疗，例如硫酸铜和福尔马林，通常杀灭外部寄生虫和其他病原体，但是这些药物可以引起鱼类应激，增加鱼类感染病毒以后的死亡率。原因是它们降低水中的溶解氧水平。通常在病毒病爆发时，细菌病是很常见的并发病，使用加药饲料控制细菌性感染，从而降低死亡率。另外一个替代方法是，当鱼处于垂死状态时采取停食，这样可以减少鱼的接触和聚集，从而减少病毒传播。同时提高水质，减少应激。在实验室条件下，降低水温到 19℃以下可停止死亡，但是在养殖场是不切实际的。

斑点叉尾鮰病毒减毒活疫苗免疫保护力达到了 100%，用斑点叉尾鮰病毒外壳蛋白的亚单位疫苗对鱼卵进行免疫，其免疫保护力达到了 31%，对幼鱼进行免疫，免疫保护力达到了 82%，并且两次免疫后，其免疫保护力分别上升至 81% 和 89%。

八、斑点叉尾鮰呼肠孤病毒

流行病学及症状进行初步诊断由于斑点叉尾鮰呼肠孤病毒是斑点叉尾鮰病毒的自然宿主，在自然条件下只感染斑点叉尾鮰，而不感染其他鱼类。因此，在发病时只表现为斑点叉尾鮰发病，且主要危害 1 龄以下的鱼苗，而同一水体中的其他鱼不发病。同时，可结合其流行水温，症状如出血、腹部膨大等进行初步诊断。

1. 病原

在斑点叉尾鮰病害中，斑点叉尾鮰出血病（见彩图 16）主要危害斑点叉尾鮰鱼种，其病原为斑点叉尾鮰呼肠孤病毒。

2. 流行情况

20 世纪 60 年代，美国养殖的斑点叉尾鮰在苗种阶段暴发严重病毒病，死亡率高达 90% 以上，Wolf 等（1971）分离鉴定其病原为鮰鱼疱疹病毒 I 型。斑点叉尾鮰疱疹病毒病在国内仅发现有疑似病例。Amend 和 Hedrick 等（1984）在斑点叉尾鮰体内检测到并分离出斑点叉尾鮰呼肠孤病毒，但未见其引起大规模死亡。国内从患有草鱼出血病的草鱼体内分离到多株呼肠孤病毒，而有关斑点叉尾鮰呼肠孤病毒的分离鉴定研究尚属空白。

近年，湖北省斑点叉尾鮰鱼种场连续暴发斑点叉尾鮰出血病，主要危害体长6~14厘米的斑点叉尾鮰鱼苗，死亡率高达60%以上。

3. 症状

斑点叉尾鮰出血病主要发生在每年的7—8月，水温28~32℃，主要感染6~14厘米的斑点叉尾鮰鱼种，死亡率约60%左右。患病鱼不摄食，游泳无力，头朝上尾朝下悬于水面上，不久便死亡。死亡个体眼球突出，鳃丝发白，吻端、鳃盖、鳍基出血，体色变浅，腹部膨大，腹腔内有大量淡黄色或淡红色腹水；肝脏呈灰白色并有出血点，肾脏、肠壁出血。

4. 防治方法

通过疫苗进行免疫防治一直是科研人员进行疾病防治研究工作的一个重点。在呼肠孤病毒感染所致疾病的防治中，采用灭活疫苗来预防，起到了一定的作用。现在由于该病毒无血清型分类，病毒各毒株间基因组也存在较大的差异，因此疫苗制备的关键在于筛选免疫原性强的毒株。临床上多应用我国农业部批准的甲醛灭活苗来预防该病的发生，组织浆灭活疫苗和减毒活疫苗在生产上应用也取得了较好效果，免疫保护力在80%以上，免疫力可持续13个月。

另外，免疫多糖对鱼类免疫系统有明显的激活作用，黄连、黄芩、黄柏、猪苓、大蒜等能提高鱼类免疫细胞的吞噬作用，鱼腥草、黄连、穿心莲、大青叶、野菊花、丹皮、大黄等可提高鱼类白细胞的吞噬功能，刺五加、黄芪、党参、杜仲、黄连、黄柏、甘草、灵芝、茯苓、青蒿、丹参等可提高鱼类单核细胞的吞噬作用，黄芪、丹参、刺五加等还能诱生干扰素及免疫球蛋白。可见诸多中草药可以增强草鱼的免疫力，从而加强对呼肠孤病毒的抵御能力。

九、肝胆综合症

1. 病因

饲料蛋白、能量比失衡，能量物过多，导致蛋白质合成受阻、营养代谢失调、脂肪过剩，在生长速度较快时更易发生此病。

2. 流行情况

目前，斑点叉尾鮰肝胆综合症发病率较高，在越冬或转运过程中容易死亡，平时的养殖中这种鱼往往最先发病。肝脏变成黄色或黄绿色。胆囊变成黑紫色并且肿大，没有胆汁分泌，胃和肠道内无食物，脾脏发黑、变硬，肾脏发黑。腹腔内有大块脂肪。鳃丝失血变成粉红色，腹部发黄，背部发黑。症状呈现渐发态势。发病鱼死亡率高达90%以上。

3. 症状

首先，病鱼形成了脂肪肝，外观个体肥大，体型粗短，肚大体圆，手感轻，下颌充血。解剖观察发现，鱼的心脏、肝脏肥大，腹腔脂肪较多，严重者肠壁、肝脏均有脂肪沉积，甚至有脂肪肝现象。其次，病鱼失去正常功能，胆汁分泌减少，并且胆汁没有通过胆小管进入肠道，而是浸润肝脏，从而把肝染成绿色，变成黄绿色的肝脏。再次，病鱼肝脏的解毒功能和胆汁的消化功能丧失殆尽，继而导致其他脏器的衰竭。脾脏的坏死，丧失了其造血功能，造成鱼体贫血，鳃丝由于缺血变成粉红色；肾脏也继而变黑、坏死。此时，鱼已经无可救药。

4. 防治方法

使用营养全面的饲料，满足鱼生长所需的各种营养物质。使用抗生素等药物治疗效果很差。

十、水霉病

1. 病原

水霉病（见彩图 17）由于真菌感染所致，其种类较多，有水霉、霜霉、水节霉等，以水霉最为常见。

2. 流行情况

一年四季都有可能发生，但以早春和初冬水温 13～18℃、水清瘦、鱼处于饥饿状态时发病较多。水霉菌感染鱼体没有严格的选择性，从幼鱼到成鱼均能被感染，且极易发生传染并迅速蔓延，造成大量鱼死亡，危害特别严重。

水霉病的发生大部分是因为这种紧迫造成的二次感染，水体中的水霉菌游离孢子伺机附着于病灶处，迅速繁殖、蔓延、扩展、长成棉毛状的菌丝，菌丝吸取斑点叉尾鮰皮肤内的营养萌发，迅速生长。菌丝的一端像树根一样着生于鱼的皮肤上和皮肤组织内，其余大部分露在体表外面。扎入皮肤和肌肉内的菌丝，称为内菌丝，它具有吸取养料的功能；露在体外的菌丝，称为外菌丝。水霉菌能分泌大量蛋白质分解酶对机体产生刺激分泌黏液，粘连在“白毛”上，并黏附着水体中的一些悬物、藻类及淤泥等，使鱼体负担过重，游动迟缓，食欲减退。

3. 症状

水霉发病水温集中在 13～18℃，发病季节为 5—10 月；当水质恶化时，特别是水体中有机质含量高时，容易爆发此病。水霉病是由水霉属和棉霉属的真菌感染鱼或鱼卵而引起的一种真菌性疾病，水霉菌是条件致病菌，广泛存在于淡水、半咸水或潮湿土壤中，寄生于腐败的有机质上，主要是通过鱼体受伤后的伤口侵入，寄生在鱼体内。斑点叉尾鮰在冬季，水温12℃以下也可感染水霉病，并引起大量死亡，故在美国被称为冬季死亡症。水霉菌寄生初期，肉眼一般看不出病鱼症状，当菌丝在伤口处繁殖，入侵上皮及真皮组织产生内菌丝，并向外生长出外菌丝，才在伤口处形成肉眼可见的白色或黄色棉絮状菌丝。菌丝刺激体表黏液分泌，使病鱼焦躁不安，严重时游动无力，于水面或静水处缓游不摄食。真菌病的防治重在加强饲养管理，降低养殖密度，提高鱼体抵抗力，避免鱼体受伤是预防该病最为有效的措施。对于受水霉菌感染的鱼类，个体较大的可直接在伤口上涂抹高浓度的龙胆紫或高锰酸钾；也可用1%磺胺药物软膏涂抹病灶处，1～2分钟后放入清水中漂洗去除多余药物，再投入暂养池中，3～4天后再重复用药一次。捞出受感染的鱼后，要及时地给池塘其他鱼做全池泼洒消毒，避免其他鱼类感染。

4. 防治方法

用药掌握适量，避免对鱼体造成过度的应激性刺激，导致黏液脱落。对发病鱼体可以采用0.7%～1.0%食盐水浸浴36～48小时。也可以采用浓度为1.5～2.0毫克/升的溶液长期浸泡，每日1次，连续2～3次，日换水1/2以上。有条件的地方将池塘的水温提高至25℃以上，保持一周。全池泼洒二氧化氯0.3～0.5毫克/升，每日1次，连续2～3次，每日换水1/3左右。每吨鱼每天用200克长效复方新诺明或100克盐酸土霉素拌和在饲料中投喂，连续5～7天。

十一、寄生虫疾病

1. 小瓜虫病

(1) 流行情况

小瓜虫病是最严重的危害性疾病。如环境条件适于此病，几天内可使全部鱼死亡。此病有季节性，一般只在水温 15～25℃时发生，近年发现在水温高达 32℃时也可以发生。

(2) 症状

小瓜虫侵入鱼的皮肤和鳃组织后，形成针头大小的小白点，肉眼可见。

(3) 治疗办法

①用 200～300 毫克/升福尔马林浸泡；②每亩用生姜 2.5 千克，干辣椒 0.5 千克煮水全池泼洒，配合亚甲基蓝使用效果极佳；③使用有些渔药厂生产的专治小瓜虫的药物。

2. 孢子虫病

(1) 主要症状

体表或肠道等内脏上有白色点状孢囊。

(2) 治疗办法

①盐酸左旋咪唑 4～8 毫克/千克鱼体重，每天分 1～2 次投喂，连续喂 3 天；②第 1 天盐酸氯苯胍 100 毫克/千克鱼体重，第 2～4 天，30～40 毫克/千克鱼体重；③使用渔药公司生产的专用灭孢子虫药。

3. 车轮虫病

(1) 病原与症状

由车轮虫寄生而染病，对斑点叉尾鮰危害较大的车轮虫有2种，一种个体较小的寄生于鳃部，用其附着盘的缘膜包围鳃丝的末端，严重时整个鳃丝边缘组织被破坏，引起鱼苗死亡；另一种个体较大的寄生于鱼体全身，造成鱼体不适，或因皮肤损伤引起并发症，危害对象主要是幼鱼，全年均可感染，尤以每年的4—7月较为严重。如虫体很多，也会造成严重死亡。

(2) 治疗办法

①放养前用生石灰彻底清塘；②移植鱼类或引种时应经过检疫；③硫酸铜+硫酸亚铁，浸泡用8毫克/升，全塘泼洒用0.7毫克/升；④用2~3克/米^{3}高锰酸钾或15~25毫克/升福尔马林泼洒；⑤商品鱼用药如车轮净等，主要成分为苦参碱，浸泡或全塘泼洒。

4. 指环虫

寄生在鱼的鳃丝上，在清新的水体中或污染的水体中都有发生，春、夏、秋季都有。

(1) 症状

鳃丝肿胀间或发白，多黏液；病鱼靠网边、不摄食；阴雨天病情加重，天晴有所好转。镜检可见在鳃丝上有大量指环虫寄生。

(2) 治疗方法

①用1%阿维菌素泼洒，剂量为1毫升/米^2，2~3次/天，共用2~3天。注意尽量加大稀释度，加长泼洒时间，泼洒时不要提网箱；②每个网箱（3米×3米）吊挂敌百虫一瓶或用10~20毫克/升浓度药浴5分钟左右。也可视鱼体质情况适当加大药物浓度和延长药浴时间；③用3%~5%的盐水浸洗

3～5 分钟，具体时间可视鱼体质情况而定；④用 20～30 毫克/升浓度的高锰酸钾药浴 10 分钟左右，具体时间也可视鱼体质情况而定。

第三节　用药规范

目前，斑点叉尾鮰是美国第一大淡水养殖品种，占全美淡水养殖总量的 70% 以上，据美国农业部经济研究水产展望报告，仅美国对其年需求量即为 80 万～100 万吨，加拿大、欧盟和俄罗斯等国对斑点叉尾鮰也存在较大的需求。2007 年 4 月美国以我国斑点叉尾鮰氟喹诺酮药残超标为由，实行“自动扣留”措施，导致随后出口量骤降。近年来，我国曾发生多批次输出美国产品因药物残留超标而遭退货，因此加强其病害预防，规范、合理、安全地使用药物，强化源头管理，对提高产品质量安全，促进产业健康发展，具有重要的现实意义。

一、病害预防的基本原则

1. 贯彻“预防为主、防治结合”的原则

斑点叉尾鮰的抗病力相对较强，病害暴发很大程度上是因养殖水体环境不良、饲养不善、管理不当所致。因此，在养殖过程要全面贯彻“预防为主、防治结合”的原则，选择良好的养殖环境，控制养殖密度，定期巡查健康状况，定期进行消毒等工作。

2. 引种前严格进行检疫和消毒

引种前进行疫病检测，确保其不携带传染性疫病。入池前应用 1%～3% 的食盐水浸浴 5～10 分钟，或 20 毫克/升（20℃）高锰酸钾浸浴 15～20 分

钟，或用 30 毫克/升的聚维酮碘（1% 有效碘）浸浴 5～10 分钟。

3. 养殖中执行严格防疫消毒措施

苗种入池前应用 20～25 毫克/升生石灰对水体进行泼洒消毒，各个区域工具应专区使用，巡查中发现病死鱼应及时做无害化处理，病鱼池中的使用过的工具要严格消毒，分池后必须进行消毒处理，高温或病害易发季节应定期消毒。

二、药物使用的基本原则

药物的使用应以确保产品质量安全和不破坏生态环境为基本原则，同时遵守以下几个原则：一是应遵守我国及进口国或地区的相关法律要求，严禁使用成分不明或含有禁用药物成分的产品。二是应严格遵循国家和有关部门的有关规定，严禁使用未取得生产许可证、批准文号以及没有生产执行标准的渔药。三是发生病害时应科学诊断，由具有相应资质的人员对症用药，防止滥用渔药、盲目增大用药量或增加用药次数、延长用药时间等。四是根据不同的药物特性确定不同的休药期，应确保其药物残留限量符合我国及进口国或地区的要求。五是饲料中药物的添加应符合我国及进口国或地区的要求，不得选用国家规定禁止使用的药物或添加剂，也不得在饲料中长期添加抗菌药物。六是应建立病害预防和治疗记录，包括发病时间、发病症状、发病率、死亡率、治疗时间、所用药物的名称和主要成分等重要信息。

三、安全规范使用渔药

兽药残留是目前动物源食品最常见的污染源，在水产品中也不例外。导致水产品中药物残留超标的原因有很多，其中滥用药物和饲料添加剂是主要的罪魁祸首。规范用药是防止水产品种药物残留超标，提高水产品的质量及跨越“绿色壁垒”的根本措施。

1. 严格执行国家有关法规

近几年，有关部门陆续颁布了《饲料和饲料添加剂管理条列》《兽药管理条列》《兽药典》《兽药规范》《兽药质量标准》《兽用生物制品质量标准》《进口兽药质量标准》《饲料药物添加剂使用规范》等法律规范。农业部193号公告，明确禁止使用21类40余种兽药及其化合物；最高法院、最高人民检察院联合发布了“关于办理非法生产、销售、使用禁止在饲料和动物饮用水中使用的药品等刑事案件具体应用法律若干问题的解答”的公告。对非法生产、销售、使用如盐酸克伦特罗（瘦肉精）等禁止在饲料和动物饮用水中使用的药品等犯罪活动，都将追究刑事责任。国家把规范用药纳入法制轨道。

为关切落实农业部关于《全面推进“无公害食品行动计划”的实施意见》和发布的《食品动物禁用兽药及其化合物清单》，推动水产养殖、捕捞、加工企业建立健全质量安全保障体系，基本实现水产品无禁用药物残留，农业部和国家质量监督检验检疫总局联合印发了《水产品药物残留专项整治计划》，开展水产品药物残留专项整治活动，力求从源头控制水产品氯霉素及其他禁用药物的使用，从生产到市场的全过程质量控制，基本实现水产品无禁用药物残留。《无公害食品、水产品中渔药残留限量（NY 5070—2002)》规定水产品中不得检出氯霉素、呋喃唑酮、己烯雌酚、喹乙醇。金霉素、土霉素、四环素、磺胺类及增效剂（碘胺嘧啶、磺胺中基嘧啶等按总量计）允许存在于水产品表面或内部的最高量浓度为100微克/千克。同时要重视休药期，即最后停止给药日至水产品作为食品上市出售的最短时间。《无公害食品、渔用药物使用准则（NY 5071—2002)》规定：严禁使用高毒、高残留或具有三致（致癌、致畸、致变态）毒性的渔药。严禁使用对水域环境有严重破坏而又难修复的渔药，严禁直接向养殖水域泼洒抗菌素，严禁将新近开发的人用新药作为渔药主要或次要成分。农业行业标准 NY/T 755—2003《绿色食品　渔药使用准则》规定了生产绿色食品允许使用的渔药种类、剂型、使用对象以及休药期。

2. 科学、合理使用药物

科学、合理使用渔药是保证水产品安全的重要措施;《水产养殖质量安全管理规定》第四章对水产养殖用药做出了规定:

①使用水产养殖用药应当符合《兽药管理条例》和农业部《无公害食品渔药使用准则》(NY 5071－2002)。使用药物的养殖水产品在休药期内不得用于人类食品消费。禁止使用假、劣兽药及农业部规定禁止使用的药品、其他化合物和生物制剂。原料药不得直接用于水产养殖。

②水产养殖单位和个人应当按照水产养殖用药使用说明书的要求或在水生生物病害防治员指导下科学用药。水生生物病害防治员应当按照有关就业准入的要求,经过职业技能培训并获得职业资格证书后,方能上岗。

③水产养殖单位和个人应当填写《水产养殖用药记录》。记载病害发生情况,主要症状,用药名称、时间、用量等内容。《水产养殖用药记录》应当保存至该批水产品全部销售后 2 年以上。

3. 严格遵守休药期制度

在正常情况下,药物的大部分经过转化并排出体外,但仍有少量在动物体内转化不完全或排泄不充分,在体内贮存残留,即所谓的“药残”。认真执行休药期制度是消除“药残”超标、保障水产品安全的基本方法。因此,要严格按照《无公害食品 渔用药物使用准则》中“渔用药物使用方法”规定的休药期执行。某种药物休药期的长短是根据药物进入动物体内吸收、分布、转化、排泄与消除过程的快慢而定的。同一种药物用法不同,休药期的长短也不同，休药期的长短还与用药量大小、动物的种属、温度等条件有很大关系，使用中要注意这些影响因素。

4. 合理利用中草药

中草药具有无药物残留、无激素、无耐药性、药源广、就地取材、价格低廉、疗效稳定、毒副作用小等优点，是生产无公害畜产品的重要生产资料。中草药不仅能抗菌、消炎、抗病毒、驱杀寄生虫，还含有丰富的矿物质、维生素、微量元素，在抗生素、磺胺类药物的抗药性越来越强、耐药菌株日益增多的情况下，开发选用中草药防治动物疾病显得非常重要，用途也越来越广泛。

5. 正确使用渔用生物药品

生物制剂是应用天然或人工改造的微生物、寄生虫、生物毒素或生物组织及其代谢产物为原材料，采用生物学、分子生物学或生物化学等相关技术制成的，用于预防、诊断和治疗水产动物传染病和其他有关疾病。它的效价或安全性，应采用生物学方法检定并有严格的可靠性。水产上应用最多的生物制品是疫苗，渔用疫苗是具有良好免疫原性的鱼类病原处理后制成的成品，用以接种水生动物能产生相应的特异性免疫力的渔用生物药品。

四、渔药使用注意事项

1. 了解药物性能，选择有效的用药方法

在使用一种药物防治一种疾病时，可能药物是对症的，使用方法也正确，但如果不注意药物本身的理化性质，就可能出现异常或者失效。例如漂白粉，当保管不善时，由于在空气中易潮解而失去有效氯，从而在使用时失效；又如高锰酸钾、双氧水等，只能现用现配。对于同一水体中同时养殖几个不同的种类，即所谓混养的情况下，使用药物时不仅要注意选用对患病种类的安全性，同时也要考虑选择的药物对未患病种类是否安全。

根据不同的给药方法，在使用药物时应注意以下几点：①对不易溶解的药物应充分溶解后，均匀地全池泼洒；②室外泼洒药物一般在晴天上午进行，因为用药后便于观察，光敏感药物则在傍晚进行。③泼药时一般不投喂饲料，最好先喂饲后泼药；泼药应从上风处逐向下风处泼，以保障操作人员安全。④池塘缺氧，鱼浮头时不应泼药，因为容易引起死鱼事故。如鱼池设有增氧机，泼药后最好适时开动增氧机。⑤鱼塘泼药后一般不应再人为干扰，如拉网操作、增放苗等，易待病情好转并稳定后进行。⑥投喂药饵和悬挂法用药前应停食1～2天，是养殖动物处于饥饿状态下，使其急于摄食药饵或进入药物悬挂区内摄食。⑦投喂药物饵料时，每次的投喂量应考虑同水体中可能摄食饵料的混养品种，但投饲量要适中，避免剩余。⑧浸浴法用药，捕捞患病动物时应谨慎操作，尽可能避免患病动物受损伤，对浸浴时间应视水温、患病体忍受度等灵活掌握。⑨注射用药，应先配制好注射药物和消毒剂，注射用具也应预先消毒，注射药物时要准确、快速、勿使病鱼受伤。⑩在使用毒性较大的药物时，要注意安全，避免人、畜、鱼中毒。使用药物后，在养殖动物上市前，要严格遵守休药期规定。

2. 注意药物相互作用，避免配伍禁忌

在水产养殖过程中，注意渔药在使用过程中的配伍禁忌，对于正确用药、提高疗效、减少毒副作用、降低用药成本等十分重要。

如果在同一发病水体中同时使用两种以上的药物，可能出现以下几种情况：①拮抗作用——两种药物的作用互相抵消或减弱，对要治疗的某种疾病根本无效或效果差；②协同作用——作用相加或相乘，使药效大大增强；

③无关系——两种药物同时使用时各自的药效不受影响。

由于渔药是近年来才从化学药物、医药、兽药中筛选出使用于渔业的，而且所有“鱼”的特性又都是生活在水中的变温动物，缺乏药理、药效等方面的研究，因此必须注意药物的相互作用。其配伍禁忌应注意两个方面：①避免药理性禁忌，即配伍的疗效降低，甚至相互抵消或增加其毒性。如刚使用环境保护剂——沸石的鱼池不应在短期内（1 ~2 天）使用其他药物，因为沸石的吸附性易使药效降低；又如在刚施放生石灰的池塘不宜马上使用敌百虫，因为两者在水中作用后，可以提高毒性。②理化性禁忌，主要应注意酸碱药物的配伍问题，例如四环素族（盐酸盐）与青霉素钠（钾）配伍，可是后者分解，生成青霉素酸析出。

3. 了解养殖环境，合理施放药物量

防治疾病，一般以一个池塘、网箱作为水体单位。池塘理化因子，例如酸碱度、溶解氧、盐度、硬度、水温等；生物因子，例如浮游植物、浮游动物、底栖生物的数量和密度等，以及池塘的面积、形状、水的深浅和底质状况等，都对药物的作用有一定的影响；另外，养殖的种类、放养的密度等都要详尽地了解。施药量正确与否，是决定疗效的关键之一，药量少，达不到防治目的；药量多，容易导致鱼中毒死亡。因此，必须在了解养殖环境的基础上，正确地测量池塘面积和水深，计算出全池需要的药量或比较准确地估算出池中放养种类的数量和体重，计算所投喂药饵的量，这样才能安全又有效地发挥药物的作用。

五、斑点叉尾鮰渔药使用注意事项

①甲苯咪唑溶液：斑点叉尾鮰慎用。

②菊酯类杀虫药：水质清瘦，如池塘套养鲢、鳙、鲫时，慎用，特别是

水温在20℃以下时，对鲢、鳙、鲫毒性大；如沿池塘边泼洒或稀释倍数较低时，会造成鲫鱼或鲢鳙鱼死亡。

③杀虫药（敌百虫除外）或硫酸铜：当水深大于2米，如按面积及水深计算水体药品用量，并且一次性使用，会造成鱼类死亡，概率超过10%。

④外用消毒、杀虫药：早春，鱼体质较差，按正常用量用药，会发生鱼类死亡，死亡概率5%~10%，且一旦造成死亡，损失极大。

⑤内服杀虫药：早春，如按体重计算药品用量，会造成吃食性鱼类的死亡，概率10%~20%。

⑥水质因素：当水质恶化，或缺氧时，应禁止使用外用消毒、杀虫药。施药后48小时内，应加强对施药对象生存水体的观察，防止造成继发性水体缺氧。

⑦辛硫磷：不得用于斑点叉尾鮰。

⑧维生素C：不能和重金属盐、氧化性物质同时使用。

⑨大黄流浸膏：易燃物品，使用后注意增氧。

⑩硫酸铜：不能和生石灰同时使用。当水温高于30℃时，硫酸铜的毒性增加，硫酸铜的使用剂量不得超过每亩300克，否则可能会造成鱼类中毒泛塘。烂鳃病、鳃霉病不能使用。

⑪敌百虫：斑点叉尾鮰慎用。

⑫高锰酸钾：斑点叉尾鮰慎用。

⑬盐酸氯苯胍：若做药饵搅拌不均匀，会造成鱼类中毒死亡。

⑭阿维菌素、伊维菌素：内服时，无鳞鱼会出现强烈的毒性。

⑮季铵盐碘：瘦水塘慎用。

⑯杀藻药物：所有能杀藻的药物在缺氧状态下均不能使用，否则会加速泛塘。

渔药使用见表6.1。

表 6.1　禁用渔药及其替代药物列表

禁用药物名称	危害	在水产上的应用	替代药物及防治方法
孔雀石绿（别名：碱性绿、盐基快绿、孔雀绿）	致癌、致畸、使水生生物中毒	杀虫，主要治小瓜虫	甲苯咪唑（休药期 500 度日）（休药期 500 度日）、左旋咪唑（内服：0.4～0.6 克/千克饲料、休药期 14 日）；溴氰菊脂泼洒（0.01 毫克/升、休药期 500 度日）
		防治水霉病	可用 3%～5% 食盐水浸泡 5～10 分钟
		抗菌	泼洒氯制剂或溴制剂
氯霉素（盐、酯及制剂）	抑制骨髓造血机能、肠道菌群失调、免疫抑制作用、影响其他药物在肝脏的代谢	对多数 G^- 菌、G^+ 菌均有效。在水产上抗菌作用较强：烂鳃、赤皮病等有效	外用泼洒：可用溴制剂或氯制剂替代；内服：可用复方磺胺类、四环素类、喹诺酮类、甲砜霉素（休药期 500 度日）、氟苯尼考（休药期 500 度日）等替代
红霉素/泰乐菌素	产生耐药性；肌体残留较多，危害水产品质量安全	对嗜水气单孢菌比较敏感，因而常常用来治疗水产动物细菌性烂鳃病	内服：氟苯尼考（休药期 500 度日）、甲砜霉素（休药期 500 度日）等
硝基呋喃类（呋喃唑酮、呋喃那斯、呋喃西林等）	容易引起溶血性贫血、急性肝坏死、眼部损害、多发性神经炎	用于治疗鱼的肠炎病	泼洒：可用氯制剂、溴制剂代替内服：弗氏霉素、新霉素（休药期 500 度日）、可用氟哌酸（诺氟沙星）、复方新诺明（复方磺胺甲基异恶唑）（休药期 500 度日）替代
磺胺噻唑、磺胺脒	容易引起水产动物急性中毒或慢性中毒、易造成尿路感染、溶血性贫血使正常菌群生态平衡失调，造成消化障碍	在水产上以往用来治疗水产动物肠道病	可用氟哌酸（休药期 500 度日）、复方新诺明（休药期 500 度日）替代

续表

禁用药物名称	危害	在水产上的应用	替代药物及防治方法
环丙沙星（别名：环丙氟哌酸）	环丙沙星是人专用，畜禽、水产动物不得使用	水产上过去常用来治疗烂鳃病、赤皮病等细菌性感染病	在水产上使用恩诺沙星粉（休药期500度日），恩诺沙星片（休药期16日）（大剂量会损伤肝脏，慎用）
汞制剂 硝酸亚汞、醋酸亚汞、氯化亚汞、甘汞（二氧化汞）等	汞制剂易富集，容易出现肝肿大充血消化道炎症、出现神经症状	主要用来治疗小瓜虫病	亚甲基蓝：泼洒2克/米^3，连用2～3次；用辣椒粉1毫克/升全池泼洒
喹乙醇	有富集作用；使鱼类耐受力差，死亡率高；肌体含水率比原先高，容易造成死鱼	抗菌作用；促生长作用，能起到类似激素作用	中草药促生长剂、黄霉素（有明显的促生长作用，但也会出现耐受力差，卖鱼时提前半月停药）
激素类药物 甲基睾丸素（甲基睾丸酮），丙酸睾酮、避孕药、己烯雌酚、雌二醇等	激素在鱼体内残留，对吃鱼的人产生严重的危害；大剂量使用肝脏出现损伤；鱼类性周期停止或紊乱	促进氨基酸、糖等合成蛋白质，抑制体内蛋白质分解。推迟鱼类性成熟时间，出现此雄性表观性逆转	中草药类、黄霉素（有明显的促生长作用，但也会出现耐受力差，卖鱼时提前停药半月）、甜菜碱、肉碱（肉毒碱、L－肉碱）
有机氯制剂 （六六六、林丹、毒杀芬、DDT）	毒性高、自然降解慢、残留期长，有生物富集作用，长期使用，通过食物链传递，有致癌性，对人体的功能性器官有损害	主要作用是杀灭鱼虱、水蜈蚣等敌害	有机磷制剂，如敌百虫（休药期500度日），全池泼洒的方法可以起到预防和治疗的作用

续表

禁用药物名称	危害	在水产上的应用	替代药物及防治方法
五氯酚钠	该药品可造成中枢神经系统、肝、肾等器官的损害，对鱼类等水生动物毒性极大；该药对人类也有毒性	五氯酚钠主要用于清塘，可以杀野杂鱼以及螺蛳、蚌等敌害	用于清塘消毒的药物很多，主要有生石灰、漂白粉，新产品有氯制剂、二氯异氰尿酸钠和三氯异氰尿酸等
杀虫脒（克死螨）、双甲脒（二甲苯胺脒）	该药物不仅毒性高，其中间代谢产物对人体也有致癌作用	这两种药物主要是杀虫作用	替代以上两种可选用高锰酸钾浸洗、硫酸铜和硫酸亚铁合剂等，用于预防可选用食盐等；杀车轮虫用芳草纤灭；杀指环虫、锚头蚤用阿维菌素（休药期500度日）
锥虫胂胺/酒石酸锑钾	具有较强的毒性且易在生物体富集	主要是杀虫作用	高锰酸钾浸洗等，可选用食盐用于预防
杆菌肽锌（枯草菌肽）	尽管目前杆菌肽锌在水产饲料中的应用呈增加趋势，且未发现对水生动物具毒副作用，但《无公害食品渔用药物使用准则》（NY 5071 - 2002）中仍将其列为禁用渔药	对葡萄球菌、链球菌等革兰氏阳性菌有很强的抑制和杀灭作用，对部分阴性菌、衣原体、螺旋体、放线菌也有效。是目前在我国及世界范围内应用效果较好的一种药物饲料添加剂	黄霉素（有明显的促生长作用，但也会出现耐受力差，卖鱼时提前停药半月）、甜菜碱、肉碱（肉毒碱、L - 肉碱）、维吉尼亚霉素等
氯氟氰菊酯（别名：三氟氯氰菊酯）	严重影响鱼体正常的生理功能而导致鱼体死亡	主要是杀虫作用	溴氰菊酯（休药期500度日）、敌百虫（休药期500度日）等
阿伏帕星（别名：阿伏霉素）	糖苷类抗菌药物，容易产生耐药性	提高饲料效率利用效率，能促生长	维吉尼亚霉素等能促进生长的药物

续表

禁用药物名称	危害	在水产上的应用	替代药物及防治方法
地虫硫磷（别名：大风雷）	是一种剧毒、高毒农药	是一种广谱性的有机磷土壤杀虫剂，主要用于防治地下害虫；在水产上少有使用	有机磷制剂等：如辛硫磷粉（休药期500度日）
呋喃丹（别名：克百威，大扶农）	呋喃丹属高毒农药，对人畜高毒；对环境生物毒性也很高；且残留期较长	驱杀鲤鱼、鲫鱼、草鱼和鳊鱼等鱼类指环虫、三代虫；河豚的拟钩虫等	指环灵、甲苯咪唑（休药期500度日）可替代。杀车轮虫用芳草纤灭；杀指环虫、锚头蚤用阿维菌素（休药期500度日）
速达肥（别名：苯硫哒氨甲基甲酯）	有生物毒副作用	提高饲料效率利用效率，能促生长	维吉尼亚霉素等

第七章
成鱼养殖实例

一、成鱼养殖实例 1：湖南省沅江市浩江湖网箱规模化健康养殖模式

1. 放养情况

（1）网箱设置

网箱采用 3×3 聚乙稀网片编制，规格为 5 米×4 米×2.5 米，水下深度 2 米，网目大 3 厘米。网箱为浮动式。共设置网箱 400 口，成 8 排集中排列，每排布箱 50 口并联为整体，排距 15 米，箱间距 2 米。

（2）鱼种放养

斑点叉尾鮰鱼种从无公害苗种繁育场定购，于 1 月放养，密度为 2 000 尾/箱，平均体重 50 克/尾，另外搭配体重 50 克左右鲢鳙鱼种 40 尾/箱。

（3）饲料投喂

饲料从符合《无公害食品 渔用配合饲料安全限量》标准的厂家定购，选用粗蛋白质含量为 30% ~35% 的膨化浮性颗粒料，粒径 2 ~4 毫米。

2. 结果

（1）产量

400 口网箱，从 1 月投放鱼种，养到 9 月下旬开始捕捞并陆续销售，至 10 月中旬销售完毕，经 9 个月养殖，共产斑点叉尾鮰商品鱼 596. 08 吨，平均个体重 768 克，单箱产量 1 490. 2 千克（表 7. 1）。

表 7. 1　单箱鱼种放养与成鱼起捕情况

放养			捕捞				
规格（克/尾）	重量（千克）	数量（尾）	均重（克/尾）	数量（尾）	成活率（%）	产量（千克）	每平方米产量（千克）
50	100	2 000	768	1 896	94. 8	1 490. 2	74. 5

（2）饲料系数

养殖期间，400 口网箱共投喂全价配合饲料 1 000. 8 吨，平均每箱投喂饲料 2 502 千克，饲料系数为 1. 8。

（3）经济效益

400 口网箱生产总投资 3 735 600 元，斑点叉尾鮰平均销价为 9. 6 元/千克，总销售收入 5 722 360 元，纯利润 1 986 760 元，投入产出比为 1∶1. 53，投资利润率 53%（表 7. 2）。

表 7. 2　单箱经济效益

投入（元）					小计（元）	产出（元）	
苗种费	网箱折旧	饲料费	工资	其他		产值	利润
1 100	300	7 206	500	233	9 339	14 305. 9	4 966. 9

3. 体会

（1）水域选择

网箱健康养殖斑点叉尾鮰，水域条件很重要。应选择无污染、水质清爽的湖泊和水库，要求水质符合 GB 11607 规定，水体透明度≥80 厘米，水色没有明显的泥浆色或沼泽引起的褐色。这样的大水面网箱养出的斑点叉尾鮰没有“土腥味”，鱼的品质优，有利于加工出口。

（2）鱼种质量

斑点叉尾鮰鱼种必须从无公害苗种繁育场选购，严格进行检疫，防止带病鱼种进入网箱。同时，鱼种要求健康、无病、无创伤，体色均匀一致，规格整齐，平均个体重 50 克/尾左右，确保当年养成规格较为理想的商品鱼。

（3）养殖方式

有的地方网箱养斑点叉尾鮰采用分级放养的方式，即先由规格 10 厘米左右鱼种养至尾重 150 克，再从尾重 150 克养成商品鱼。这种方式一面需跨年养殖，一般当年不能产生效益；另一方面在养殖过程中带来分箱操作的麻烦，容易造成鱼体的机械损伤，不利于网箱规模化健康养殖。而采取春季投放大规格鱼种当年养成商品鱼的方式，既避免了前者的诸多弊端，又能充分利用有效生长时期提高养殖产量和效益，是较为适宜的斑点叉尾鮰网箱规模化健康养殖方式。

（4）放养密度

据有关资料介绍，网箱养殖斑点叉尾鮰，体重 50 克左右鱼种的放养密度以 120～150 尾/米^2 为宜，但我们采取的放养量为 100 尾/米^2。实践表明，这样的密度能减少鱼病发生，提高养殖成活率和商品鱼规格，成活率达到 94.8%，商品鱼体重 768 克/尾，这种鱼正是加工出口的最佳规格，市场畅销，价格较高。因此，网箱健康养殖斑点叉尾鮰放养体重 50 克左右的鱼种，

密度以 100 尾/米^2 左右为宜。

（5）投入品管理

网箱健康养殖斑点叉尾鮰，饲料、渔药等投入品的管理至关重要。首先是确保饲料质量，坚持使用无公害全价配合饲料，前期选用蛋白质含量达35%的饲料，中后期选用蛋白质含量为30%～33%的饲料，并科学合理进行投喂，保证箱鱼吃好、吃匀。其次是坚决杜绝使用违禁药物，并坚持休药期制度，严格按照 NY 5071《无公害食品 渔药使用准则》合理使用渔药。实践表明，采用中草药拌饵投喂或全箱泼洒，能收到很好的防病治病效果，既可节省生产成本、避免药残，又可保证鱼品质。

二、成鱼养殖实例 2：安徽省凤台县顾桥镇渔场池塘 80:20 养殖模式

1. 放养情况

（1）池塘条件

池塘面积 5 000 平方米，东西向，长方形，水深 2.0 米，注排水方便。池底铺设纳米微孔增氧盘 4 个，同时配 3 千瓦增氧机 1 台和投饵机 1 台。

（2）鱼种放养

斑点叉尾鮰和鲢鳙鱼苗种来自省级水产良种场焦岗湖渔场的斑点叉尾鮰良种繁育基地，按照 80:20 养殖模式于上年 11 月 10 日前后，水温在 10℃左右开始试水，投放规格 20 尾/千克斑点叉尾鮰鱼种 480 千克，共 9 600 尾，平均投放 900 千克/公顷，即 1.8 万尾/公顷。3 月 10 日前后，投放规格 10 尾/千克鲢、鳙鱼苗种 160 千克，共 1 600 尾，平均投放 300 千克/公顷，即 3 000 尾/公顷。

（3）饲料投喂

饲料主要购自嘉吉饲料（镇江）有限公司，为蛋白含量在 30%～32%的

全价颗粒饲料。

2. 结果

（1）产量

从上年11月10日斑点叉尾鮰鱼种下塘，到翌年11月16日起捕上市，共起捕商品斑点叉尾鮰6 115千克，平均尾重650克，成活率98%；鲢鳙鱼2 160千克，平均尾重1 500克，成活率90%。

（2）收益

总产值87 204元，其中斑点叉尾鮰售价12元/千克，销售收入73 380元，鲢、鳙均价6.4元/千克，销售收13 824元。在整个生产过程中，共投入生产成本74 040元，其中苗种费8 040元，饲料共8吨，费用48 000元，水电费800元，人工费12 000元，池塘承包费4 000元，药物费1 200元。池塘年销售产值扣除生产成本得利润13 164元，平均利润26 328元/公顷，投入产出比为1.00:1.18，饵料系数为1.42。

3. 体会

本养殖苗种购自省级水产良种场的斑点叉尾鮰良种繁育基地，种苗体质健壮，规格整齐，且运输距离近，鱼体受伤少，是保证养殖成功的重要条件。养殖中采用80:20池塘高产高效养殖模式，在确定以斑点叉尾鮰为主养鱼条件下，适量搭配了鲢、鳙等水产品，取得了可喜的成效。纳米微孔增氧在斑点叉尾鮰养殖塘中的应用，将池底的有害气体浓度稀释，降低池塘底部有害气体的浓度，对池塘水体起到增氧、曝气、交换作用，促进上下水层间的对流，提高池底溶氧水平，以保证养殖池塘上下层溶解氧、生物量的均衡分布。用生物制剂调节水质，在保持水生动物生活环境的生态平衡的同时，水生动物自身的微生态平衡也得到了保障，实现了水生动物生长环境（大环境）与自身内环境（小环境）的“两个平衡”，减少了因病害、施药、换水等对鱼体造成的应激性刺激而影响摄食、生长、营养，使水生动物生长速度得到提高，品质得到提升。

三、成鱼养殖实例3：福建省漳州市漳浦县马坪镇杨美水库网箱无公害规模化养殖模式

1. 放养情况

（1）养殖环境

养殖区域的四周无污染源，水质符合渔业水质标准，放置网箱水面面积约15 000平方米，养殖区水深7米以上。

（2）苗种的来源及放养密度

苗种外购于广东、同安、厦门、漳州等地，选择育苗期间未使用任何抗菌素和禁用药品。苗种游动活泼、体质健壮、无损伤、无疾病、无畸形、规格整齐，苗种场为通过有效检疫资质的部门检疫，并获得检疫证书。外购鱼种种质符合《SC 1031—2001 斑点叉尾鮰》的规定。选择放养数量按每箱50 ~ 100克/尾的鱼种5 000 ~ 6 000尾，共计1 610口网箱。

（3）饲料管理

配合饲料安全卫生要求符合GB 13078《饲料卫生标准》与NY 5072—2002《无公害食品渔用配合饲料安全限量》标准的规定以及农业部发布的《饲料药物添加剂使用规范》，饲料粗蛋白的含量约36% ~ 38%。记载饲料投喂时间、品牌、用量、残饵量等。每次投喂约0.5 ~ 1小时，前期日投喂4次，中后期日投喂2 ~ 3次。养殖过程中均要填写相关记录，保证饲料质量。

（4）网箱的选择、管理

网箱规格为4.0米×3.0米×3.5米，按SC/T 1006《淡水网箱养鱼通用

技术要求》规定操作。鱼种网箱网目1.5～2厘米，成鱼网箱网目3厘米。每7日检查一次网箱；遇洪水、大风浪时，注意网箱位置调整；根据鱼的生长情况及时换箱、分箱；定期清除网箱附着物。

（5）病害防治

养殖过程中使用了二溴海因、二氧化氯、生石灰等符合NY 5071－2002《无公害食品渔用药物使用准则》规定的药品。

2. 结果

（1）产量

从当年4—12月，分批多次收获成鱼，共计1 351.5吨，平均单箱产量为0.84吨，每平方米产斑点叉尾鮰70千克。

（2）饲料系数

在50～150克/尾的规格期间的斑点叉尾鮰，饲料系数为1.5～1.6，大于150克/尾成鱼生长期的饲料系数为1.7～1.8。

3. 体会

（1）鱼种投放及成活率

应合理密养，因斑点叉尾鮰喜集群活动，强烈觅食，放养过稀不利于驯化，还会降低饲料的利用率及鱼种的成活率。而放养密度过大，抢食不均，长生参差不齐，平均增幅较慢。

（2）病害防治

坚持“无病先防、有病早治”的原则，网箱养殖密度高，一但发生鱼病则蔓延较快，治愈较困难，因而要处处加强防病措施。养殖水域污染、饲料质量差、种质退化是引发鱼病的三大主要原因；对已发鱼病的不规范治疗则是导致成活率下降的根本所在。保持水质清新，可有效控制斑点叉尾鮰烂尾病。鱼发病后，正确的处理方法是应首先改善水质条件，然后进行内外结合的药物治疗。使用完全适合斑点叉尾鮰营养要求的标准饲料，也是预防鱼病的主要途轻之一。在鱼病防治中应不使用禁用药品，符合《NY 5071—2002 无公害食品渔用药物使用准则》要求，育苗生产不使用任何抗菌素和有毒药物。使用限用药物遵守休药期制度，如注意二氧化氯、二溴海因均有停药期。

（3）效果分析

由多年的养殖效果比较得出，斑点叉尾鮰网箱养殖生长速度显著快于池塘精养，鱼种进箱前不需任何驯化即能很快适应网箱环境；在网箱中活动范围小、耗能少，生长速度与饲料转化率均较池塘为好。

四、成鱼养殖实例4：四川省眉山市东坡区斑点叉尾鮰池塘养殖模式

1. 养殖情况

（1）养殖面积

5 336 平方米（8 亩）。

（2）放养准备

2 月底抽干池水，每亩用生石灰 125～150 千克彻底消毒，10 天后注新水，每亩水面用发酵的有机粪肥 125 千克肥塘，两天后全池泼洒豆浆（2.5 千克黄豆）。

（3）放养情况

鱼种放养前用3%～5%的食盐溶液浸泡 3～5 分钟，放养情况见表 7.3。

表 7.3　鱼种放养情况

放养品种	放养时间	放养规格（克/尾）	放养数量（尾/亩）
斑点叉尾鮰	3 月 6 日	30～50	750
鲢	3 月 30 日	20	500
鳙	3 月 30 日	20	150

（4）投饲情况

3—4 月用颗粒饲料 296.5 千克，5 月用 648.5 千克，6 月用 1 640 千克，7 月用 1 910 千克，8 月用 2 170 千克，9 月用 1 800 千克，10 月用 450 千克。

2. 效益情况

（1）投入（按每亩水面计算）

苗种投入计 1 300 元，其中斑点叉尾鮰 1 000 元，常规苗种 300 元（包括白链、花链、鲫鱼种等）。颗粒饲料计 2 750 元 = 1.25 吨 × 2 200 元/吨；鱼药投入 20 元；设备共 2 200 元 = 增氧机 1 300 元 + 投饵机 800 元 + 其他如船、网等工具 100 元，折算成每亩水面为 275 元（2 200 ÷ 8 = 275）。

（2）收益（按每亩水面计算）

斑点叉尾鮰产值 5 100 元 = 500 千克 × 10.2 元/千克；混养鱼产值 900 元。

3. 效益对比分析

每亩水面收益为 6 000 元（5 100 + 900 = 6 000），每亩水面支出为 4 345 元（1 300 + 2 750 + 20 + 275 = 4 345），每亩水面效益 1 655 元左右。

参考文献

敖礼林，况小平，陈彬. 2009. 斑点叉尾鮰大规格鱼种无公害培育［J］. 农家顾问，（4）：50－51.

卜跃先，陶孜昀. 2007. 水体网箱养殖斑点叉尾鮰容量的研究［J］. 水利渔业，27（2）：45－46.

蔡焰值，何世强. 1991. 斑点叉尾鮰胚胎和幼苗发育观察［J］. 水产学报，15（4）：308－316.

蔡焰值. 2011. 无公害斑点叉尾鮰健康养殖技术［J］. 养殖与饲料，09：43－46.

蔡焰值，陶建军，葛雷，等. 1991. 斑点叉尾鮰苗种饲养技术研究［J］. 水利渔业. 19（5）：11－13.

曾令兵，徐进，李艳秋，等. 2009. 斑点叉尾鮰出血病病原呼肠孤病毒的分离与鉴定［J］. 病毒学报. 25（6）：460－466.

陈建林. 2009. 斑点叉尾鮰高密度流水养殖试验［J］. 科学养鱼，10，30－31.

陈永辉. 2007. 斑点叉尾鮰苗种池塘高产培育技术［J］. 渔业致富指南，（10）：39.

甘雷. 2007. 斑点叉尾鮰池塘土法人工繁殖技术［J］. 科学养鱼，（6）：9－10.

何广文，裴必高. 2007. 水库网箱养殖斑点叉尾鮰试验［J］. 水利渔业，27（3）：51－52.

贺明婷，刘义霞. 2015. 斑点叉尾鮰池塘高产高效养殖技术及成效［J］. 现代农业科技，05：297－301.

洪圣，刁宏斌，廖再生. 2010. 斑点叉尾鮰投喂不同饲料对饲料成本的影响［J］. 科学养鱼，

(2), 67.

胡少华，张琳，何艾华，等. 2001. 美国斑点叉尾鮰养殖技术［J］. 齐鲁渔业，18（1）：41－43.

黄爱平. 2008. 斑点叉尾鮰人工繁殖及无公害苗种培育技术［J］. 科学养鱼，（12）4：14－16.

季延滨，邢克智，郭永军，等. 2007. 斑点叉尾鮰人工繁殖技术［J］. 天津水产. 4：27－31.

康升云，胡智政，傅义龙，等. 2001. 斑点叉尾鮰生物学研究［J］. 江西水产科研，4：18－19，22.

乐瑞源，胡文昌. 2012. 斑点叉尾鮰健康养殖模式［J］. 科学养鱼，10：34－35.

李林，严朝晖，肖友. 2012. 斑点叉尾鮰国内市场现状及产业发展前景浅析［J］. 中国水产，9：35－36.

李明德，王良臣. 1992. 鱼类学［M］. 天津：南开大学出版社，115－121.

李木华. 2011. 美国斑点叉尾鮰的池塘养殖［J］. 湖南渔业，02：22.

刘清明. 2011. 熊牛逆转理应未雨绸缪——湖北嘉鱼县鮰鱼产业发展状况调查与思考［J］. 渔业致富指南，16：15－17.

刘孝明. 2010. 斑点叉尾鮰爆发性细菌疾病防治研究［D］. 安徽农业大学.

刘羽清，卢红. 2008. 斑点叉尾鮰的苗种繁育技术［J］. 河北渔业.（9）：40－41.

刘玉林，王敏，王卫民. 2006. 斑点叉尾鮰病毒性疾病综述［J］. 水利渔业，26（6）：84－86.

柳富荣，何光武，李振. 2007. 斑点叉尾鮰苗种高产健康培育试验［J］. 养殖与饲料，（4）：20－22.

柳富荣，刘光正，刘昌新，等. 2008. 斑点叉尾鮰规模化健康养殖技术［J］. 水产养殖，01：27－28.

麻韶霖. 2012. 华中斑点叉尾鮰产业发展走势分析［J］. 当代水产，1：42－44.

M. C. 柯里默，周恩华，张建. 2007. 利用 80:20 池塘养殖技术和豆粕型饲料在安徽省进行斑点叉尾鮰养殖示范试验［J］. 中国水产，（7）：85－86.

聂小宝，张玉晗，孙小迪，等. 2014. 活鱼运输的关键技术及其工艺方法［J］. 渔业现代化，41（4）：34－39.

牛红军．2007．斑点叉尾鮰的疾病防治［J］．科学养鱼，(4)：82．

苏秀梅，汪开毓，黄小丽．2006．斑点叉尾鮰的主要细菌病及其防治措施［J］．水产科技情报，33（5）：197－200．

孙建，宋文会．2005．斑点叉尾鮰高密度流水养殖技术研究［J］．水产养殖，9，1，(26) 5：19－20．

佟会军．2011．浅谈斑点叉尾鮰成鱼健康养殖的几点体会［J］．黑龙江水产，06：42－44．

汪开毓，范方玲，黄小丽，等．2009．斑点叉尾鮰鲁氏耶尔森菌病的发生与诊治［J］．科学养鱼，5：50－52．

汪开毓，耿毅，黄小丽，等．2006．斑点叉尾鮰传染性套肠症［J］．现代渔业信息，21（9）：3－8．

汪谦荣，涂必柱．2011．斑点叉尾鮰商品鱼网箱养殖技术［J］．渔业致富指南，10：39－40．

王春瑞，沈锦玉，潘晓艺，等．2010．斑点叉尾鮰病害防治研究进展［J］．水产科学，29（6）：372－376．

王广军，王辉．2002．斑点叉尾鮰的生物学及繁养殖技术［J］．淡水渔业，32（4）：10－12．

王建华，朱冠登．2010．沿海池塘斑点叉尾鮰健康养殖技术［J］．科学养鱼，01：32－34．

王明宝．2010．斑点叉尾鮰人工繁殖技术［J］．河南水产，4：22－23．

王武等．2000．鱼类增养殖学［M］．北京：中国农业出版社．

王勋伟，易翀，马达文，等．2012．水库网箱斑点叉尾鮰养殖技术［J］．渔业致富指南，16：70－71．

吴宗文，张发．1992．名特优鱼类养殖实用技术［M］．北京：中国农业出版社，293－300．

夏开来．2007．斑点叉尾鮰苗种培育技术［J］．水利渔业，(3)：48．

向建国，周进，金宏．2004．斑点叉尾鮰的生物学与生理生化特性研究［J］．湖南农业大学学报（自然科学版），30（4）：356－358．

肖友红，陈校辉．2015．广东省斑点叉尾鮰产业调研情况分析［J］．当代水产，2：34．

徐晓津，吴成业，潘文，等．2008．斑点叉尾鮰水库网箱无公害规模化养殖试验［J］．福建水产，6（2）：17－21．

严朝晖，肖友红，李林．2013．世界鲇鱼产业现状及对我国斑点叉尾鮰产业市场定位的重新认识［J］．中国水产，6：36－40．

杨劲松. 2004. 斑点叉尾鮰池 80:20 高效养殖技术［J］. 渔业致富指南，04：40.

杨中宏. 2011. 斑点叉尾鮰人工繁殖研究［J］. 云南农业，5：31－32.

印志良. 1999. 斑点叉尾鮰的人工繁殖技术［J］. 水产科技情报，23（3）118－120.

余卫忠. 2011. 斑点叉尾鮰一龄鱼种培育技术［J］. 中国水产，（7）：34－36.

虞鹏程，简少卿，袁敏义等. 2007. HACCP 体系在斑点叉尾鮰人工繁殖中的应用［J］. 淡水渔业，37（4）：72－75.

张林，孟彦，罗晓松，等. 2007. 斑点叉尾鮰主要疾病及其防治概述［J］. 淡水渔业，37（1）：76－79.

张延河，孙长江，韩洪军. 1996. 斑点叉尾鮰养殖试验［J］. 齐鲁渔业，13（1）：11－13.

周国平. 1999. 斑点叉尾鮰养殖技术［M］. 北京：中国农业出版社.